Cycle des A ondamentaux

CONTRATMATHS

Le compagnon d'apprentissage de tous les enfants

Sous la direction de
Serge BOËCHE et Patrick BEYRIA

Auteurs
Raymonde ROUCH
Isabelle TAUZIN

Illustrations de
Corine TOMAKA

Editions SEDRAP

Cette année, mes camarades s'appelleront :

Marie

Ali

Amélie

Jean

Noémie

Julie

Max

Éric

Léa

Paul

Nicole

Étienne

Catia

Romain

Magali

Coucou, c'est nous!
Au fil des pages, tu vas apprendre à nous connaître,
et, avec nous, à chaque leçon, tu vas réussir ton contrat.
Bon travail!

Avant-propos

CONTRATMATHS est le « compagnon d'apprentissage » en mathématiques de l'enfant au Cycle des Apprentissages Fondamentaux. Il intègre harmonieusement les contenus des programmes et l'évolution des connaissances en matière d'apprentissage et d'évaluation. Il fait partie d'une nouvelle génération d'outils d'enseignement qui prend en compte les résultats de la recherche des sciences de l'éducation, de l'INRP, la réalité de la vie de la classe et la formation initiale et continue des instituteurs et des professeurs d'École.

L'illustration à observer : situation-problème

Il s'agit d'une situation-problème relatant un événement proche du vécu habituel des enfants accompagnée de questions et consignes simples et précises qui permettent une approche individuelle ou collective de la notion mathématique. Cette situation-problème doit permettre la prise de conscience de la nécessité de construire des savoirs mathématiques relatifs à la leçon qui va suivre.

Ce que je vais apprendre

Annonce clairement aux enfants le contenu de la leçon et les savoirs à construire.

Ce que je sais déjà : une évaluation diagnostique

Une ou plusieurs situations proposées aux enfants afin de prendre en compte les savoirs déjà construits par l'enfant. Ces exercices, non notés, sont simplement corrigés avec l'enfant afin de pouvoir prescrire le parcours d'apprentissage le mieux adapté.

Ce que je dois faire pour progresser : prescription adaptée au besoin de chaque enfant

Ce sont les exercices proposés par l'enseignant et qui tracent le parcours d'apprentissage à réaliser seul(e) ou avec une aide adaptée (auto-socio-construction du savoir).

Mon défi : évaluation formative

Ce sont les références des exercices que l'enfant choisit de réaliser au-delà du parcours imposé par l'enseignant. C'est un défi qui permet de « s'essayer » à d'autres difficultés et qui renforce l'envie de se dépasser et d'apprendre. Ainsi, l'enfant apprend à se connaître !

Ce que je dois retenir

Pose en termes simples le contenu mathématique assimilé et à retenir. Il est en relation directe avec les apprentissages annoncés en début de séquence dans la rubrique « Ce que je vais apprendre ».

Pas de problème !

Une première pratique des énoncés mathématiques sous des formes très variées. Cette rubrique permet à l'enfant de se confronter aux différentes formes des textes mathématiques et de proposer des réponses adaptées. Elle permet aussi de varier les formes d'organisation de classe alliant, selon le choix de l'enseignant, travail individuel ou recherche collective.

Les évaluations sommatives

Périodiquement une évaluation sommative est proposée. Elle permet de mesurer les acquisitions des séances qui la précèdent englobant tout à la fois une évaluation critériée (conforme aux Programmes officiels) et une évaluation formative qui permet de situer l'enfant par rapport à l'ensemble du groupe classe.

Contrat +

Présente un ensemble de situations plus complexes qui devraient permettre aux enfants les plus rapides de se confronter à des difficultés supérieures. Cependant, certaines de ces situations peuvent être le prétexte d'un travail de groupes dans une perspective de recherche et d'échange, en particulier dans l'élaboration de stratégies de résolution.

0 à 20 : écritures et désignations

Ce que je vais apprendre…

- Connaître la suite des nombres.
- Écrire un nombre de différentes manières : en chiffres, en lettres, en écritures additives…

◆ Observe la classe pour retrouver des nombres (tu peux lire ou compter). Place-les sur la droite numérique.

0	1																			

◆ Quels nombres de 0 à 20 ne rencontres-tu pas ?

Ce que je sais déjà faire

■ Compte les ronds et colorie la bonne case.

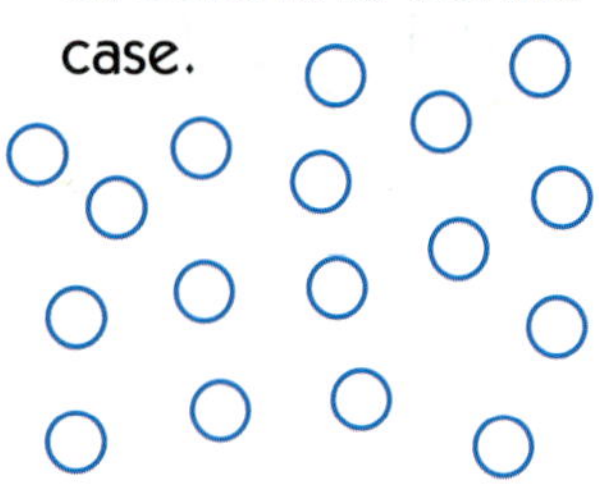

17	15	9

■ Relie.

13 • • dix-neuf
19 • • neuf
12 • • treize
9 • • douze
20 • • dix
10 • • vingt

■ Relie.

10 + 10
9 + 7
9 + 2 + 5
4 + 6 + 9
8 + 11
16 20 19
5 + 5 + 10
12 + 8
4 + 12
8 + 8

POUR PROGRESSER

MON DÉFI

0 à 20 : écritures et désignations

Je m'entraîne avec aide

1 • Complète l'égalité. Pour t'aider, colorie les carreaux manquants.

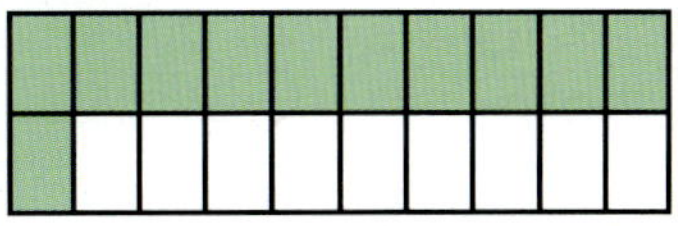

11 + ... = 16

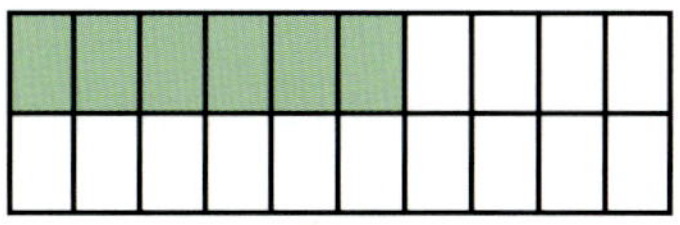

6 + ... = 13

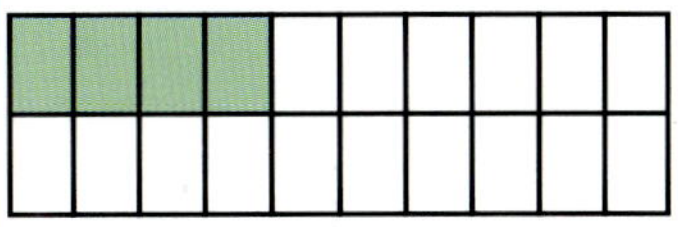

4 + ... = 18

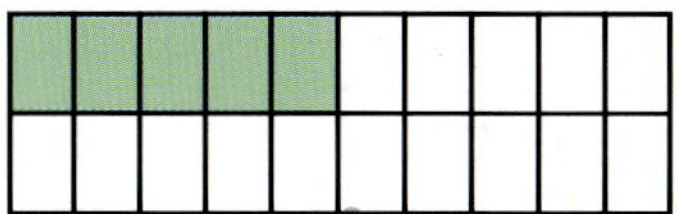

5 + ... = 15

2 • Colorie en jaune les cases du 14, en bleu celles du 17, en vert celles du 18, en rouge celles du 20.

8 + 10	7 + 7	6 + 12	3 + 11
13 + 4	10 + 10	dix-sept	9 + 9
vingt	15 + 3	8 + 9	8 + 6

POUR M'AIDER

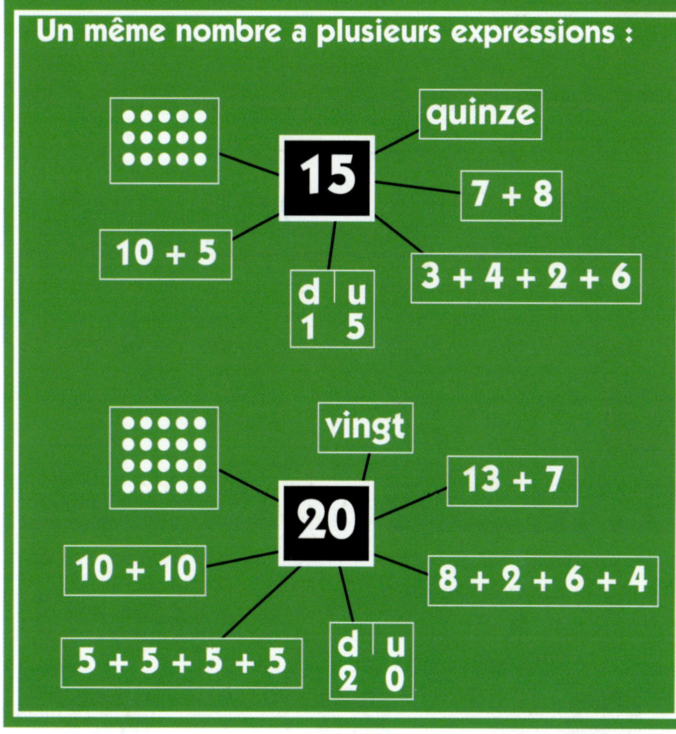

Je m'entraîne sans aide

3 • Colorie selon le code suivant :

19 = marron foncé
14 = vert foncé
12 = noir
15 = jaune
20 = vert clair
17 = marron clair

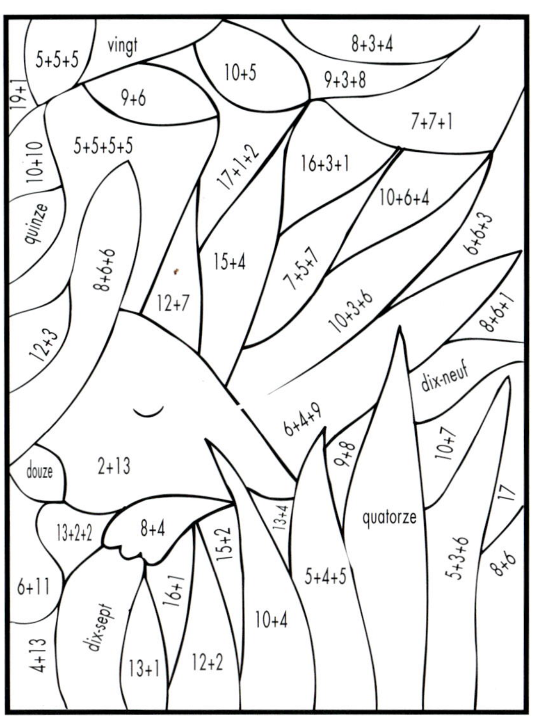

4 • Complète l'égalité. Pour t'aider, colorie les carreaux manquants.

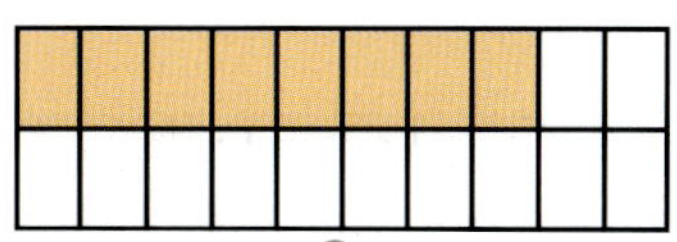

8 + ... = 16

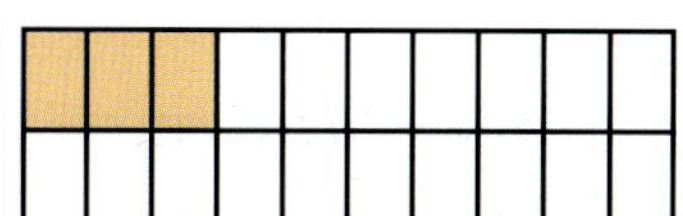

3 + ... = 16

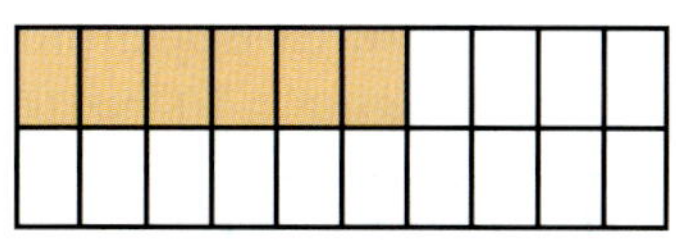

6 + ... = 18

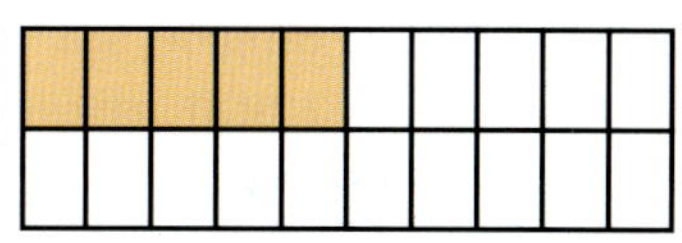

5 + ... = 15

5 • Complète.

20	16	19
10 + ...	7 + ...	..... + 13
..... + 13	..... + 14	10 + ...
8 + 8 + ...	6 + ... + 6	4 + 7 + ...
..... + 3 + 10	9 + 7 + ...	5 + ... + 9

0 à 20 : écritures et désignations

Je vais plus loin

6 • Complète.

17	12	16	18
8 + 9	6 + 6	10 + 6	7 + 11
12 + 5	3 + 9	3 + 13	4 + 14
3 + 8 + 6	6 + 0 + 6	8 + 8 + 0	6 + 6 + 6
4 + 6 + 7	4 + 5 + 3	3 + 3 + 10	9 + 7 + 2

7 • Relie ou complète.

- 4 + 11
- 3 + 16
- 2 + 17 — 19
- 6 + 9 — 15
- 6 + 14 — 20
- **15** — 10 + 5
- **20** — 10 + 10
- **19** — 9 + 10
- 7 + 8
- 12 + 8

8 • Complète les premières lignes du tableau en fonction de l'exemple.

• Remplis les dernières lignes avec des nombres de ton choix.

		d	u
14	quatorze	1	4
16	seize	1	6
20	vingt	2	0
19	disc-neuf	1	9
7	sept	0	7
8	huit	0	8
18	disc-huit	1	8
17	disc-sept	1	7
9	neuf	0	9
5	cinq	0	5

Pas de problème !

Dessine une affiche sur laquelle tu feras apparaître les nombres : huit, dix, quinze et seize. (Tu peux utiliser une autre expression de ces nombres.)

Ce que je dois retenir…

Les écritures en chiffres et en lettres.

0	zéro	11	onze
1	un	12	douze
2	deux	13	treize
3	trois	14	quatorze
4	quatre	15	quinze
5	cinq	16	seize
6	six	17	dix-sept
7	sept	18	dix-huit
8	huit	19	dix-neuf
9	neuf	20	vingt
10	dix		

Ce que je vais apprendre…

- Écrire la suite des nombres.
- Comparer, ranger des nombres et utiliser les signes <, > et =.

0 à 20 : ordre et comparaison

◆ Dans quel magasin Marion peut-elle trouver la boisson à l'orange la moins chère ? ....

– Justifie ta réponse en indiquant le prix de la boisson à l'orange chez :

M. LAFOURMI : .... L'ORANGE BLEUE : ....

◆ Relève tous les prix du magasin L'ORANGE BLEUE et classe-les du plus cher au moins cher :

.... > .... > .... > .... > .... > ....

◆ Sur les prospectus, entoure le prix le plus bas pour les bonbons et pour les cônes.

Ce que je sais déjà faire

■ Complète.

8	9			
15				19
				16
		18		

■ Complète avec le signe qui convient : <, > ou =.

14 .... 17 8 .... 4 9 13

12 + 3 .... 9 13 .... 9 + 4 3 + 4 .... 3 + 7

■ Range du plus petit au plus grand : **15 ; 12 ; 3 ; 20 ; 8 ; 17**

.... < .... < .... < .... < .... < ....

POUR PROGRESSER

MON DÉFI

0 à 20 : ordre et comparaison

Je m'entraîne avec aide

1

- Relie les points dans l'ordre de la droite numérique. (Utilise ta règle.)
- Tu relies enfin 1 à 9, 5 à 14 et 10 à 20.

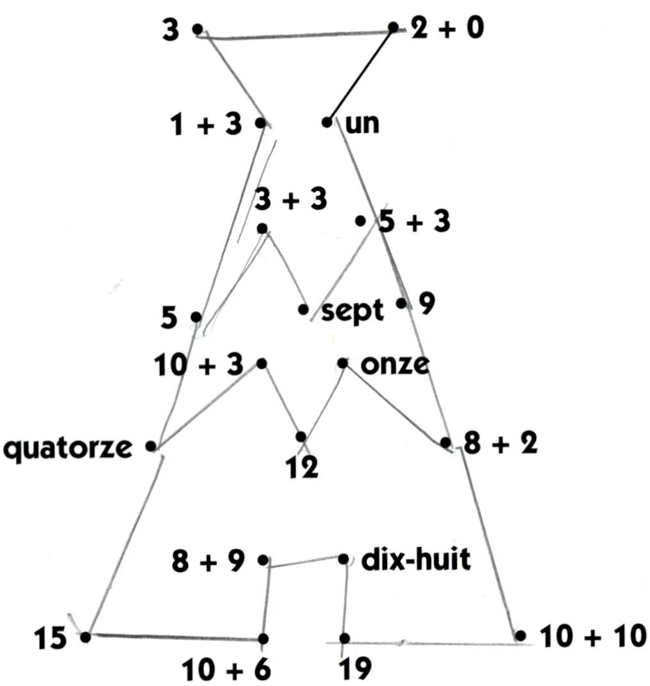

2

- Complète avec le signe qui convient : <, > ou =.

14 .... 18 | 10 + 4 .... 10 + 6

17 .... 9 | 8 + 4 .... 10 + 10

8 .... 10 + 2 | 9 + 7 .... 5 + 12

12 + 2 .... 15 | 7 + 4 + 3 .... 10 + 4

POUR M'AIDER

6	<	8
6	est plus petit que	8
15	>	7
15	est plus grand que	7
6	=	3 + 3
6	égale	3 + 3

Je m'entraîne sans aide

3

- Complète.

		16				20

18	17					12

+	3 + 9	+	+	8 + 7

4

- Place sur la droite numérique : 13 ; 11 ; 20 ; 7 ; 10 et 18.

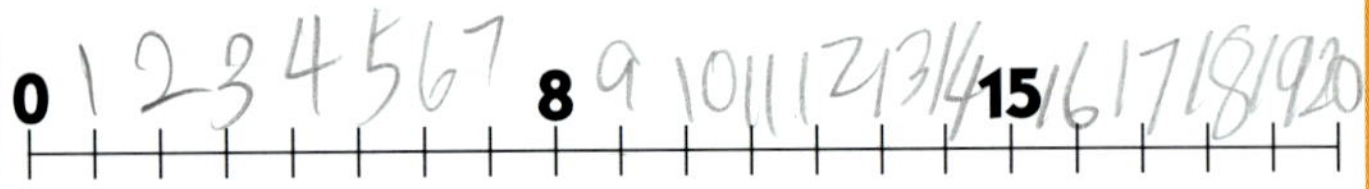

- Place sur la droite numérique : 15 ; 9 ; 16 ; 19 ; 8 et 13.

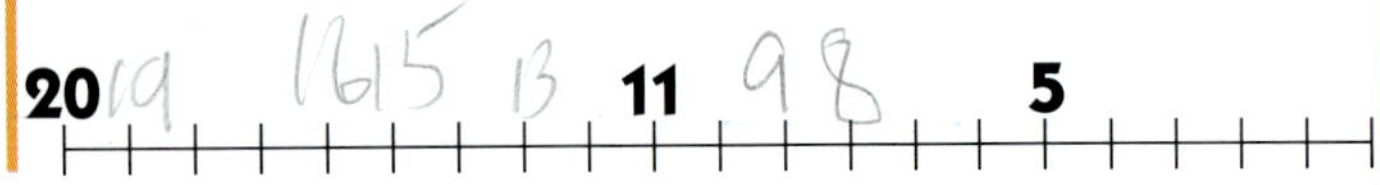

5

- Complète avec le signe qui convient : <, > ou =.

9 .... 15 | 3 + 3 + 3 .... 5 + 4 + 3

14 .... 10 + 2 | 8 + 2 + 5 .... 7 + 3 + 1

7 + 7 .... 10 + 4 | 6 + 5 + 4 .... 7 + 5 + 3

8 + 3 .... 5 + 6 | 1 + 8 + 11 .... 4 + 7 + 3

6

- Range du plus petit au plus grand.

dix-huit	9 + 5	onze	7	8 + 2 + 3

0 à 20 : ordre et comparaison

Je vais plus loin

7 • Colorie selon le code suivant :
– en noir, les nombres de 14 à 16 ;
– en jaune, les nombres de 11 à 13 ;
– en rouge, les nombres de 18 à 20 ;
– en vert, les nombres de 8 à 10.

....

7 + 7 + 0	5 + 5 + 5
vingt	7 + 3 + 8
10 + 2	3 + 6 + 3

....

7 + 7 + 5	14 + 4
7 + 4	treize
neuf	4 + 4

....

quinze	3 + 3 + 6	2 + 16
10 + 6	5 + 5 + 3	10 + 9

....

5 + 5	7 + 3 + 2	3 + 15
3 + 6	onze	8 + 8 + 4

• Avec un atlas, rends chaque drapeau à son pays.

8 • Range.

vingt	10 + 7	16	5 + 8	3 + 20

.... < .... < .... < .... < ....

• Range.

10 + 5	dix-huit	20	7 + 7	8+6+8

.... > .... > .... > .... > ....

9 • Complète avec le signe qui convient : <, > ou =.

8 + 6 + 3 ..... **10 + 7**
8 + 0 + 9 ..... **14 + 3 + 2**
10 + 3 + 7 ..... **7 + 5 + 7**
12 + 6 ..... **8 + 2 + 4**
0 + 9 + 7 ..... **4 + 10 + 2**
8 + 13 ..... **4 + 10 + 9**

Pas de problème !

À partir de l'inégalité 8 < 19 et de l'expression « est moins cher que », rédige des phrases à propos des deux prospectus publicitaires de la page 7.

Ce que je dois retenir…

<
se lit « est plus petit que… »
0 < 1 < 2 < 3 < 4 < 5 < 6 < 7 < 8

>
se lit « est plus grand que… »
20 > 19 > 18 > 17 > 16 > 15 > 14 > 13 > 12

=
se lit « égale »
6 + 2 = 8
8 + 3 = 11
10 + 7 = 8 + 9 = 17

Groupements par 10 : dizaines et unités

Ce que je vais apprendre…

- ☐ Compter par dizaines.
- ☐ Écrire un nombre à deux chiffres : dizaines à gauche et unités à droite.

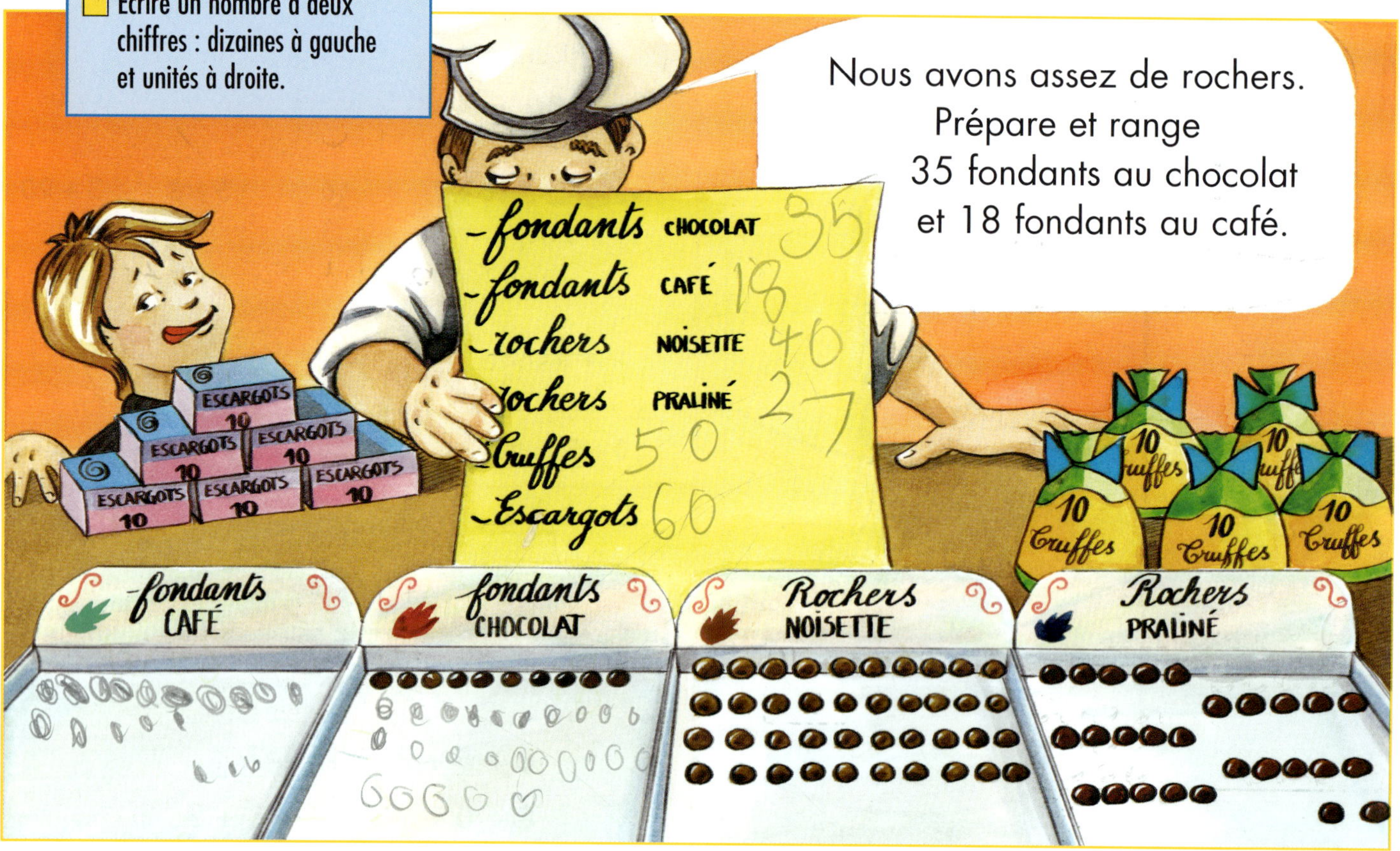

- Compte les rochers au praliné.
  Pour éviter les erreurs, entoure les rochers en formant des paquets de ______ .
  Tu obtiens ______ dizaines et ______ unités.
- Dessine ce que demande le chocolatier en utilisant des rangées de dix.
- Complète le tableau du jour.

Ce que je sais déjà faire

- Groupe les billes par dix et complète le tableau.

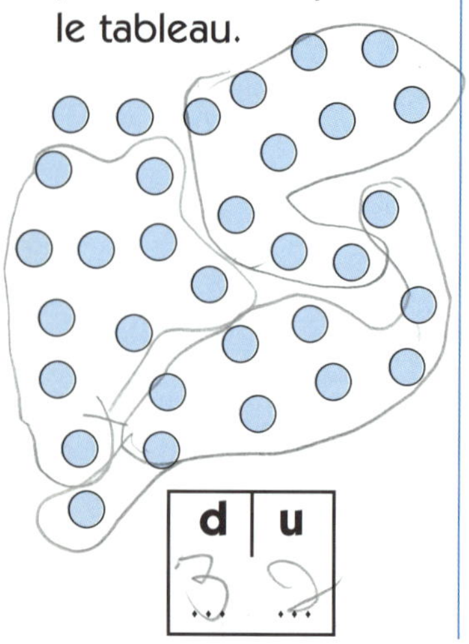

d	u
…	…

- Colorie les cases pour représenter le nombre indiqué dans le tableau.

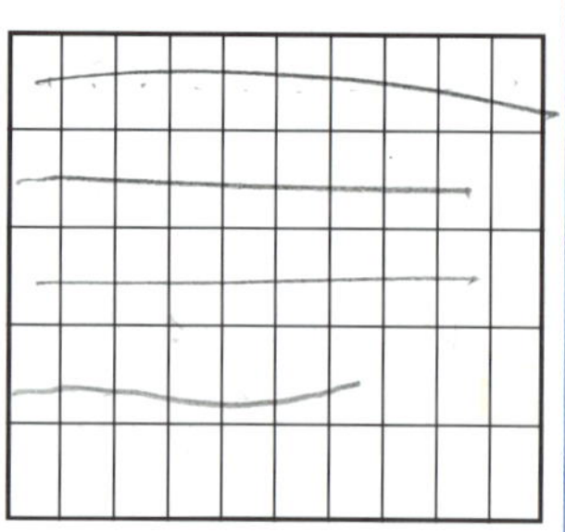

d	u
3	7

- Complète les égalités.

10 + 10 + 2 = …..

10 + 10 + 10 + 10 + 10 = …..

10 + 10 + 10 + ….. = 35

10 + ….. + ….. + ….. + ….. = 48

10 + ….. + ….. + ….. = 32

POUR PROGRESSER

MON DÉFI

Groupements par 10 : dizaines et unités

Je m'entraîne avec aide

1 • Groupe les bonbons par dizaines et relie à la bonne écriture.

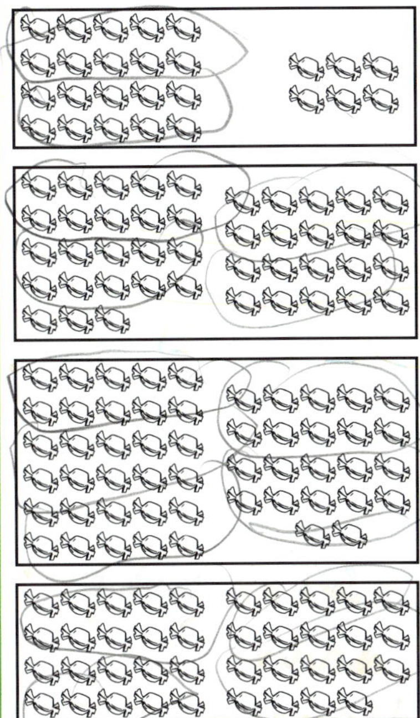

d	u
4	3

26

d	u
3	9

10 + 10 + 10 + 10 + 10 + 2

2 • Relie.

quatre dizaines •	• 50
deux dizaines •	• 10
cinq dizaines •	• 20
une dizaine •	• 40

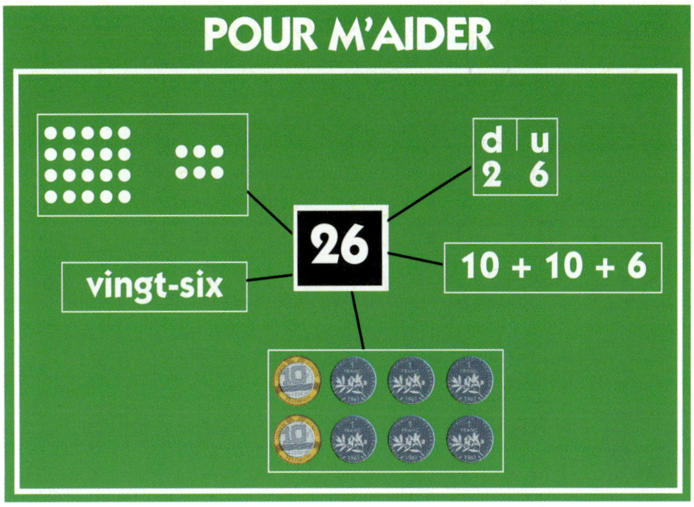

Je m'entraîne sans aide

3 • Dessine les billes manquantes pour obtenir le nombre indiqué dans le tableau.

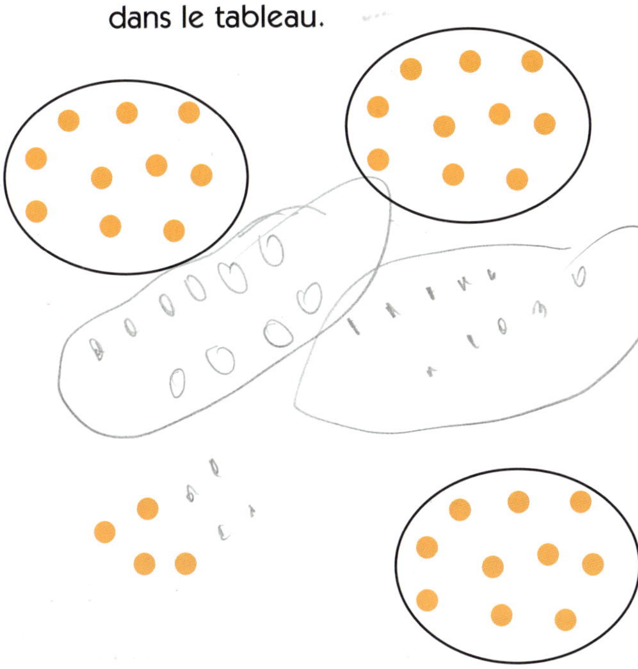

d	u
5	8

4 • Dessine quatre paquets de dix billes et sept billes ; puis complète le tableau.

d	u
...	...

5 • Complète les égalités.

10 + 10 + 10 + 4 = ...

10 + 10 + 2 = ...

10 + 9 = ...

10 + 10 + 10 + 10 + 10 + 7 = ...

Groupements par 10 : dizaines et unités

Je vais plus loin

6 • Complète les égalités.

10 + 10 + 4 = ...
10 + 10 + 10 + 10 + 3 = ...
10 + 10 + 10 + 10 + 10 + 8 = ...
10 + 1 = ...
.... **= 56**
.... **= 38**
.... **= 17**
10 + 10 + 10 + ... **= 35**
10 + ... **= 48**
.... **= 18**

7 • Finis de colorier les cases pour obtenir le nombre indiqué dans le tableau.

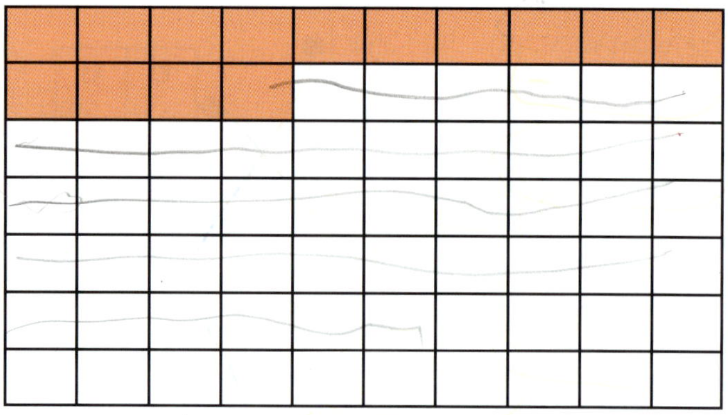

d	u
5	6

8 • Organise-toi pour dessiner 67 billes.

Pas de problème !

Je suis un nombre de deux chiffres.
Mon premier chiffre, à gauche, est inférieur à sept.
Mon deuxième chiffre, à droite, est supérieur à deux et il est la moitié de son voisin de gauche.
Qui suis-je ?

Ce que je dois retenir…

- Quand je dois dénombrer une quantité importante d'éléments, je fais des paquets de dix ou **dizaines**.
- Les éléments sont des **unités**.
- Je positionne toujours les chiffres de la même manière :

Dizaines (ou paquets de dix) à gauche → **d**
Unités (ou éléments isolés) à droite → **u**

d	u
…	…

Somme de deux nombres

Ce que je vais apprendre…

- Calculer la somme de deux nombres.
- Utiliser le signe +.
- Comparer des sommes.
- Utiliser les signes = et ≠.

Dans l'atelier de découpage, les enfants ont préparé des éléments pour monter un mobile d'automne.

- Aide Magali et Jean à compléter le tableau qu'ils ont tracé pour faire le point.
- La maîtresse a demandé au moins 7 découpages par enfant : qui a rempli le contrat ?

- Pour le mobile, Magali demande leurs feuilles à Max et Léa : elle aura ☐ feuilles parce que ..... + ... = ...
- Jean demande 10 fruits découpés par seulement deux élèves : ☐ et ☐ ou bien ☐ et ☐ ou encore ☐ et ☐ .

Ce que je sais déjà faire

■ Calcule le nombre de billes.

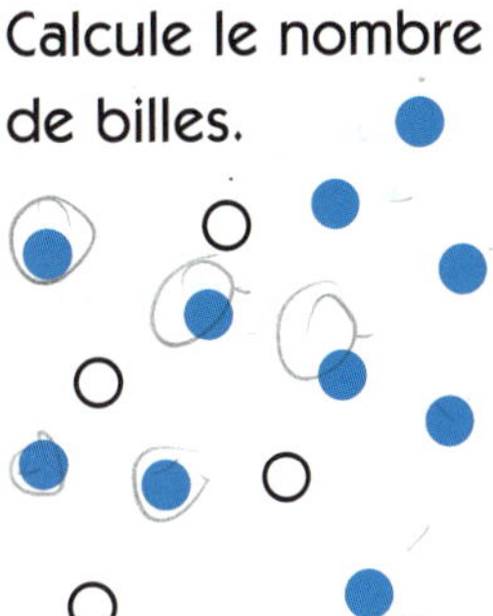

..... + ... = ...

■ Complète avec le signe = ou ≠.

14 + 1 16   8 + 3 11   6 + 8 14

■ Complète :

6 + 5 = 7 + ...   7 + 6 = 3 + ...

9 + 6 = ... + 10   ..... + 8 = 9 + 10

POUR PROGRESSER

MON DÉFI

Somme de deux nombres

Je m'entraîne avec aide

1

• Colorie selon le code suivant :

14 → marron foncé
18 → marron clair
8 → jaune
6 → orange
13 → rouge
12 → vert clair
16 → vert foncé

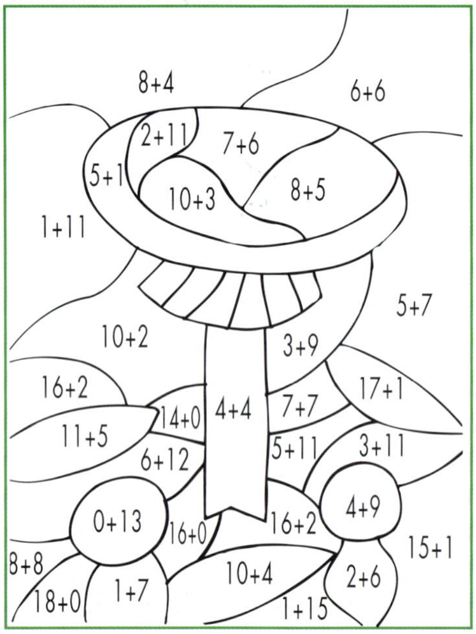

2

• Complète.

8 + 7 = ...
7 + 5 = ...
12 + 5 = ...
4 + 6 = ...
8 + 5 = ...
6 + ... **= 14**

• Complète avec les signes = ou ≠.

8 + 6 .... **5 + 6**
9 + 5 .... **7 + 7**
8 + 3 .... **9 + 6**

POUR M'AIDER

5 + 1 = 3 + 3 = 6 + 0 = 6
4 + 4 = 7 + 1 = 6 + 2 = 8
6 + 6 = 8 + 4 = 11 + 1 = 12
11 + 2 = 7 + 6 = 8 + 5 = 13
10 + 4 = 7 + 7 = 14 + 0 = 3 + 11 = 14
11 + 5 = 5 + 11 = 15 + 1 = 1 + 15 = 16
10 + 8 = 18 + 0 = 16 + 2 = 18

Je m'entraîne sans aide

3

• Colorie les sommes égales à 10.

3 + 7 | **8 + 1** | **2 + 9** | **0 + 10** | **7 + 1**
6 + 1 | **2 + 8** | **3 + 6** | **9 + 1** | **9 + 3**
0 + 9 | **6 + 5** | **8 + 3** | **6 + 4**

• Trouve les six autres sommes de deux nombres égales à 10.

....
....

4

• Complète avec les signes = ou ≠.

8 + 6 ..... **9 + 4**
10 + 8 ..... **9 + 9**
11 + 5 ..... **9 + 7**
12 + 8 ..... **6 + 13**

5

• Colorie de la même couleur les rectangles contenant les mêmes valeurs.

7 + 4 + 5 | **8 + 2 + 4** | **5 + 0 + 9**
6 + 3 + 9 | **11 + 2 + 7**
12 + 0 + 8 | **3 + 5 + 2 + 4** | **7 + 7 + 4**

6

• Complète les suites de nombres.

1 ; 3 ; 5 ; ..... **;** ..... **;** ..... **;** .....
17 ; 15 ; 13 ; ..... **;** ..... **;** ..... **;** .....

Somme de deux nombres

Je vais plus loin

7 • Relie les nombres pour obtenir une somme égale à 14.

7 •	• 5
10 •	• 7
9 •	• 4
13 •	• 1

• Relie les nombres pour obtenir une somme égale à 20.

8 •	• 7
13 •	• 12
11 •	• 9
10 •	• 10

8 • Observe et continue les suites de nombres.

2 ; 5 ; 8 ; 11 ; ..... ; ..... ; .....

0 ; 4 ; 8 ; ..... ; ..... ; ..... ; .....

20 ; 18 ; 16 ; ..... ; ..... ; ..... ; .....

9 • Range ces sommes de la plus petite à la plus grande.

3 + 10	7 + 8	9 + 2	8 + 4

.... < .... < .... < ....

• Range ces sommes de la plus grande à la plus petite.

9 + 6	10 + 7	3 + 15	18 + 1

.... > .... > .... > ....

Pas de problème !

Après la lecture des 4 textes ci-dessous, relève les numéros du (ou des) texte(s) qui appelle(nt) une écriture additive :

1. Je dois aller demander dans la classe voisine combien d'enfants mangent aujourd'hui à la cantine. On me répond : « 8 filles ainsi que 6 garçons. »
2. Marc pleure en rentrant de récréation : il a perdu 5 billes.
3. Marie dit qu'elle mesure 125 centimètres et Pierre dit qu'il mesure 132 centimètres.
4. J'ai acheté un cahier au prix de 12 F et un stylo à 14 F. Je paye avec un billet de 50 F.

Ce que je dois retenir...

- Le signe + permet d'**additionner** des nombres, c'est-à-dire de les réunir en un seul nombre ou **somme** (ou **total**).

$4 + 3 = 7$
$3 + 4 = 7$
$4 + 2 + 5 = 11$

- Deux sommes peuvent être égales (=) ou différentes (≠).

$8 + 7 = 10 + 5$
$8 + 7 \neq 10 + 3$

Ce que je vais apprendre...

- Comparer des écritures additives.
- Réduire des écritures additives.

Écritures additives

	BALLON CHRONO	RELAIS VITESSE	PETITE THÈQUE	FILET PÊCHEUR	PARCOURS OBSTACLE	CROSS	TOTAL DES POINTS
TIGRES	7	4	3	4	2	10	
KOALAS	5	3	2	4	2	9	
PUMAS	0	5	3	5	4	11	
RENARDS	1	3	4	6	0	10	
LOUPS	3	4	2	3	7	9	
ECUREUILS	5	3	4	5	2	12	
LIONS	2	4	3	2	5	11	

La fête du sport se termine et avant de goûter, les enfants font le total de leurs points.

- Aide-les à remplir le tableau.
- Quelle équipe a obtenu le plus de points ? ....
- Deux équipes sont à égalité, lesquelles ? .... et ....
- Les « Lions » ont marqué plus de points que les « Écureuils ». Est-ce vrai ? ....

  Pourquoi ? ....

Ce que je sais déjà faire

■ Complète avec le signe qui convient : <, > ou =.

7 + 12 .... **12 + 8**

5 + 9 .... **9 + 5**

8 + 3 .... **2 + 8**

■ Complète avec un nombre.

13 + 8 = 8 + ...   **6 + 9 < 6 +** .....   **3 + 10 + 4 < 3 + 4 +** .....

■ Continue l'arbre pour calculer la somme de cette écriture additive.

7 + 3 + 8 + 5 + 2 + 5

10 + ... **+** .....

..... **+** .....

.....

POUR PROGRESSER

MON DÉFI

Écritures additives

Je m'entraîne avec aide

1 • Calcule à l'aide d'un arbre.

6 + 4 + 2

.... + ...

....

5 + 4 + 5 + 1

2 • Complète avec le signe qui convient : <, > ou =.

8 + 9 ..... 9 + 8

13 + 5 ..... 13 + 7

8 + 4 ..... 5 + 8

8 + 6 + 5 ..... 5 + 10 + 8

3 • Complète avec un nombre.

5 + 7 = ... + 5

..... + 9 = 9 + 6

8 + ... + 10 = ... + 10 + 8

POUR M'AIDER

Tu peux réécrire une longue addition de manière à rapprocher deux nombres dont la somme est égale à 10 et faire un arbre à calcul.

3 + 5 + 6 + 7 + 5 + 4 = 3 + 7 + 5 + 5 + 6 + 4

10 + 10 + 10

30

9 + 5 > 9 + 2 car 5 > 2

3 + 9 < 9 + 7 car 3 < 7

Je m'entraîne sans aide

4 • Calcule à l'aide d'un arbre.

7 + 4 + 6 + 3 + 5

.... + ... + ...

.... + ...

....

9 + 5 + 8 + 5 + 2

.... + ... + ...

.... + ...

....

5 • Complète avec le signe qui convient : <, > ou =.

8 + 10 ..... 10 + 9

4 + 12 ..... 12 + 4

13 + 15 ..... 14 + 15

10 + 3 + 7 ..... 7 + 10 + 3

8 + 10 + 2 ..... 2 + 10 + 7

6 • Complète avec un nombre.

8 + 8 > 8 + ...

..... + 4 = 4 + 10

7 + 3 + 10 < 10 + 7 + ...

5 + 13 + 9 = 9 + 5 + ...

Écritures additives

Je vais plus loin

7 • Complète.

..... + ... + 6 + ...

12 + ...

20

9 + ... + ... + ...

..... + 12

28

8 • Calcule à l'aide de parenthèses.

3 + 9 + 7 + 8 + 1

= (....... + ...) + (....... + ...) + ...

= (....... + ...) + ...

= ....

9 • Complète avec le signe qui convient : <, > ou =.

3 + 7 + 5 ..... 3 + 7 + 2

5 + 3 + 6 ..... 8 + 6

6 + 2 + 7 ..... 4 + 2 + 2 + 7

11 + 9 ..... 11 + 2 + 3

6 + 5 + 4 ..... 11 + 8

10 • Complète avec un nombre.

$8 + 4 + 3 > 8 + 3 + \ldots$

$6 + 2 + 5 = 5 + 2 + \ldots$

$5 + 12 + 7 = 5 + 6 + 6 + \ldots$

$4 + 3 + \ldots < \ldots + 4$

Pas de problème !

Paul et Catia reprennent les notes incomplètes de leur maman au retour du supermarché.
Catia dit : « Je sais déjà que ma maman a payé moins cher que la tienne ! »
Paul est ennuyé parce qu'il ne sait pas faire une si grosse addition.
Peux-tu lui montrer un moyen beaucoup plus simple et rapide que l'addition pour savoir si Catia a raison ?

Note de la maman de Paul
14
25
32
18
20
10

Note de la maman de Catia
18
14
10
20
25
12

Ce que je dois retenir...

- $7 + 5 < 5 + 9$ parce que $5 = 5$ et $7 < 9$
- Je peux modifier l'ordre des termes dans une addition sans changer sa valeur.

$4 + 3 + 6 + 7 = 4 + 6 + 3 + 7$

$10 + 10 = 10 + 10 = 20$

Ce que je vais apprendre...

- Coder et décoder cases et nœuds.
- Reproduire sur quadrillage.
- Se déplacer sur quadrillage.

Quadrillages, nœuds, cases, tracés

- Tu vois le jeu d'Ali. Nicole dit : « e, 6 » et Ali répond : « coulé ». Pourquoi ?
- Quelle case Nicole avait-elle visée juste avant ?
- Sur quelles cases Ali a-t-il placé son grand bateau de 4 cases ?
- Ali attaque le jeu de Nicole. Il propose « b, 5 ». Que lui répond-elle ?

Ce que je sais déjà faire

■ Quel est le mot caché dans la grille ?

(f, 4)	(b, 5)	(g, 8)	(c, 2)	(h, 6)	(a, 7)
...	...	...	...	...	...

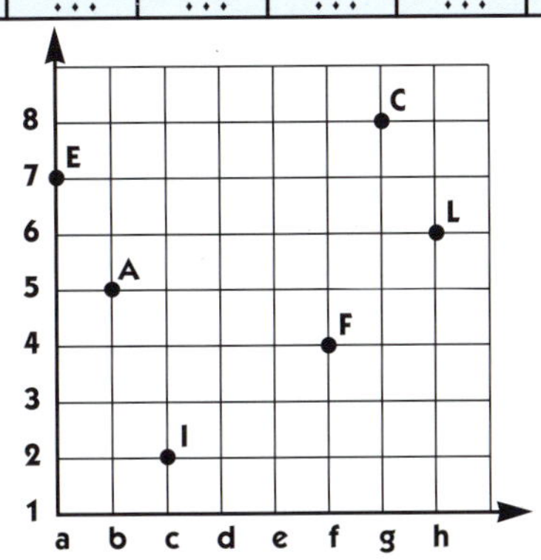

■ Complète.

● est en (...., ...)

▽ est en (...., ...)

■ est en (...., ...)

Reporte sur le quadrillage.

▮ en (g, 5)

✳ en (c, 7)

❍ en (e,1)

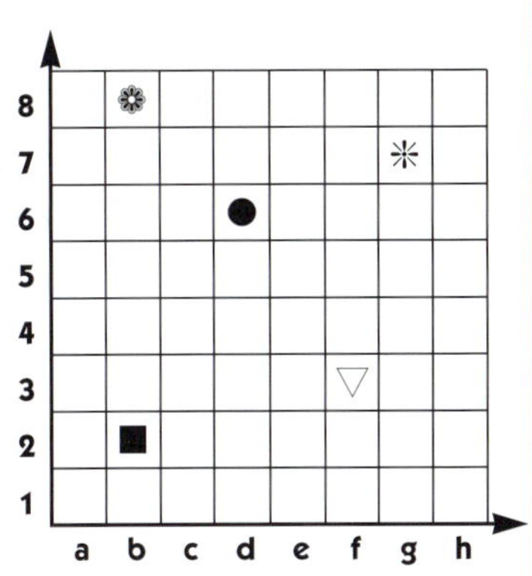

POUR PROGRESSER

MON DÉFI

Quadrillages, nœuds, cases, tracés

Je m'entraîne avec aide

1

• Écris le code des figures suivantes :

● est en (....., ...) ■ est en (....., ...)

▼ est en (....., ...) ✱ est en (....., ...)

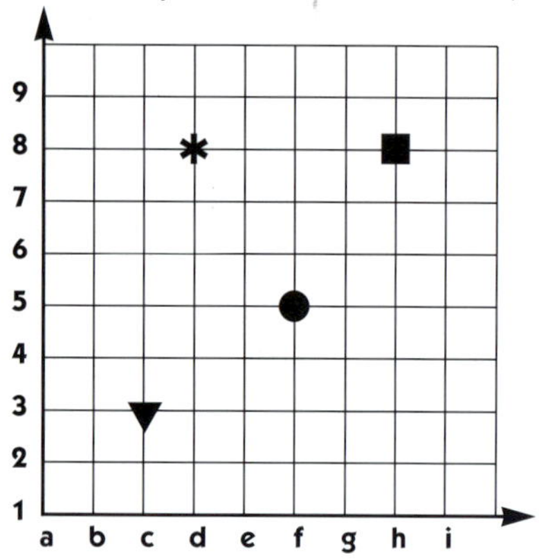

• Place les figures selon leur code.

☆ en (e, 4)

✦ en (i, 4)

▮ en (b, 2)

2

• La grille de mots croisés a perdu ses cases noires. Noircis-les.

(e, 5) ; (g, 2) ; (b, 2) ; (c, 8) ; (d, 8) ; (g, 8) ; (f, 7) ; (b, 3).

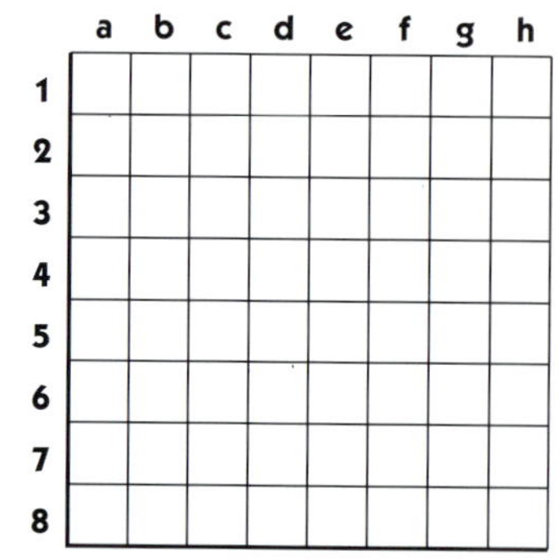

POUR M'AIDER

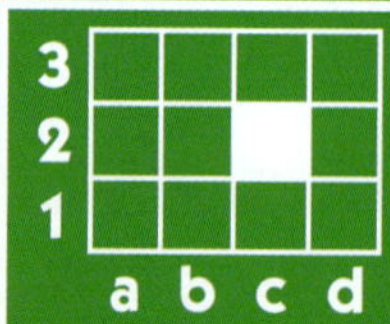

Le code de la case blanche est (c, 2).

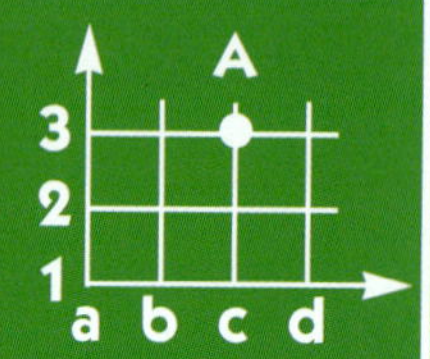

Le code du nœud est (c, 3).

Je m'entraîne sans aide

3

• Complète.

● est en (2, 7) ■ est en (....., ...)

▼ est en (....., ...) ✱ est en (....., ...)

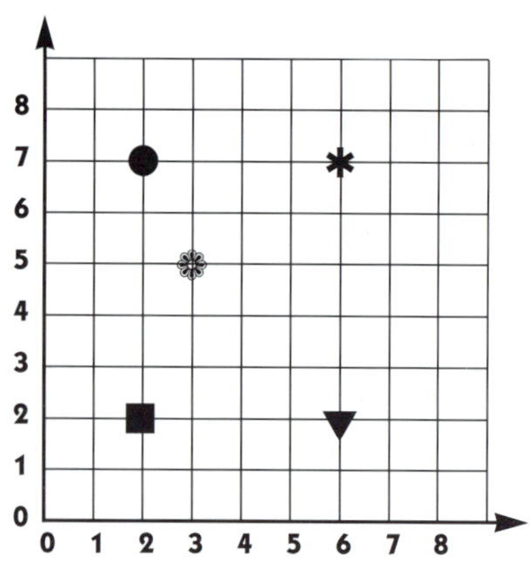

• Place les figures selon leur code.

☆ en (4, 4)

✦ en (7, 1)

▮ en (4, 8)

✗ en (1, 7)

4

• Reproduis le dessin.

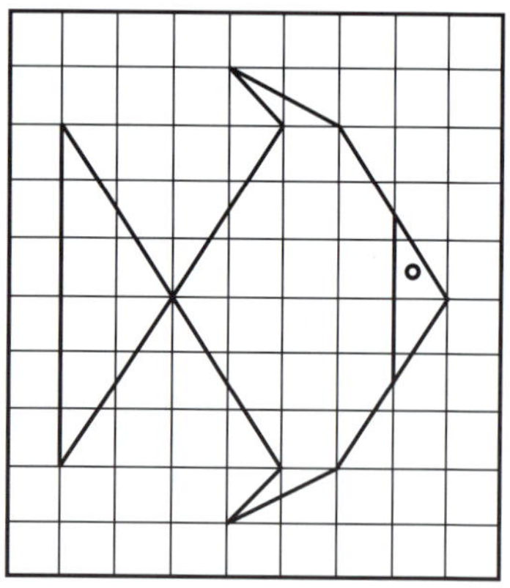

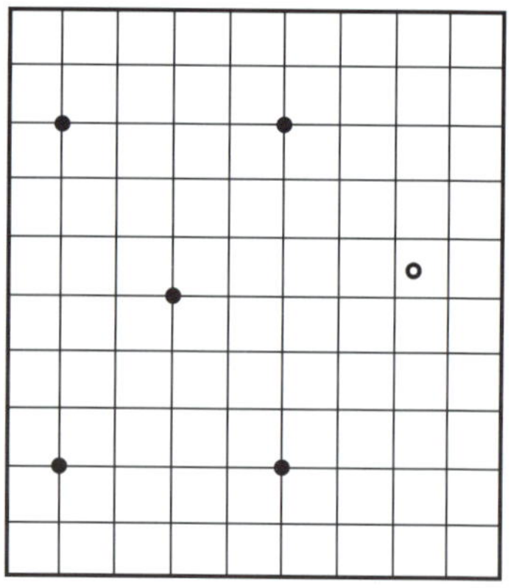

Quadrillages, nœuds, cases, tracés

Je vais plus loin

5 • Reproduis le dessin.

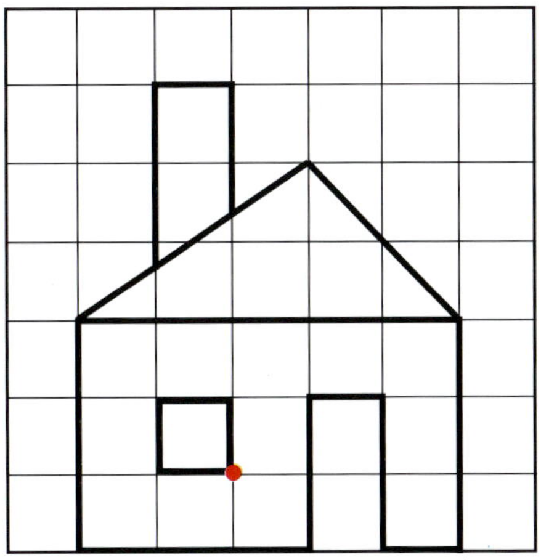

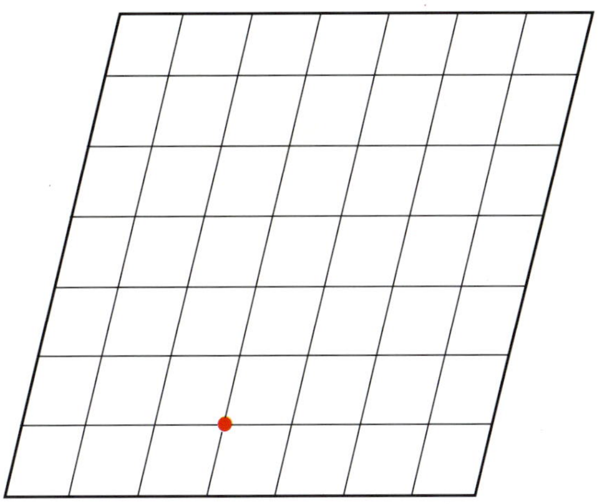

6 • L'oiseau veut retrouver son nid, mais il doit éviter le chat.
Trace deux itinéraires possibles (un bleu et un rouge) et code-les avec une flèche par case.

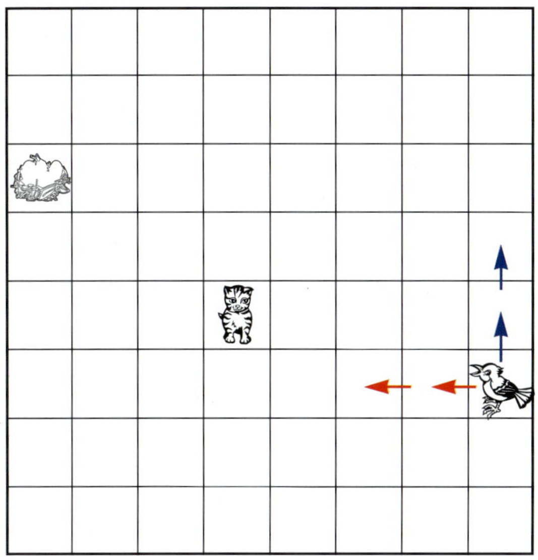

Pas de problème !

Devine !
Je suis le nom d'un pays lointain, écrit avec plus de huit lettres.
Dans mon nom, tu trouveras au moins trois E,
tu trouveras aussi la première et la dernière lettre de l'alphabet.
Mon nom commence comme le cinquième jour de la semaine (sur trois lettres).
Le nom de ma capitale contient trois A.
Qui suis-je ?

Pour t'aider :

Allemagne | Nouvelle-Zélande | Venezuela | Canada | Yémen

Ce que je dois retenir...

Le code de la case noire est (c, 2).

Le code du nœud A est (c, 3).

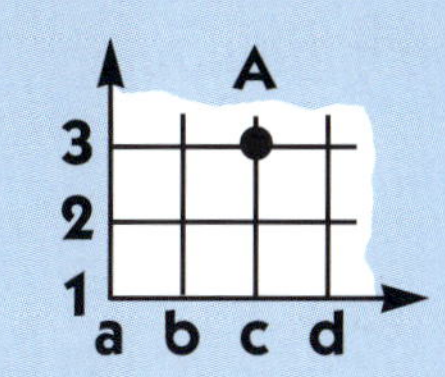

Ce que je vais apprendre...

- Écrire les nombres de 0 à 69 en chiffres et en lettres.
- Connaître la suite des nombres.

0 à 69 : écritures et désignations

◆ **Établis un tableau qui sera le bon de commande de M. Raisin.**
Les cahiers sont vendus par paquets de dix; donc tu dois faire apparaître dans ta commande le nombre de paquets et le nombre de cahiers isolés.

Désignation de l'article	Nombre en lettres	Paquets de dix	Unités	Nombre en chiffres
cahier 64 pages	trente-cinq	3	5	35

Ce que je sais déjà faire

■ Complète.

38 = 30 + ...

67 = 60 + ...

53 = ... + 3

..... = 50 + 5

..... = 40 + 9

11 = ... + 1

■ Écris en chiffres.

soixante-deux : ....

trente-neuf : ....

quarante-sept : ....

■ Écris en lettres.

58 : ....

33 : ....

■ Colorie de la même couleur les étiquettes représentant le même nombre.

36 | **50 + 5** | **trente-six**

quarante-quatre

10 + 10 + 10 + 10 + 10 + 10 + 9

cinquante-cinq | **69** | **44**

POUR PROGRESSER

MON DÉFI

0 à 69 : écritures et désignations

Je m'entraîne avec aide

1 • Écris en lettres.

27 : ....

54 : ....

63 : ....

41 : ....

50 : ....

12 : ....

38 : ....

2 • Observe et continue.

10	20	30			

26	36	46		

3 • Calcule.

30 + 7 = ...	10 + 8 = ...
50 + 6 = ...	60 + 3 = ...
40 + 9 = ...	20 + 5 = ...
20 + 30 = ...	20 + ... = 28
50 + 10 = ...	40 + ... = 43
10 + 40 = ...	60 + ... = 67

POUR M'AIDER

10 : dix	29 : vingt-neuf
20 : vingt	30 : trente
21 : vingt et un	40 : quarante
22 : vingt-deux	50 : cinquante
23 : vingt-trois	60 : soixante
24 : vingt-quatre	61 : soixante et un
25 : vingt-cinq	62 : soixante-deux
26 : vingt-six	63 : soixante-trois
27 : vingt-sept	64 : soixante-quatre
28 : vingt-huit	65 : soixante-cinq

Je m'entraîne sans aide

4 • Calcule.

30 + 10 = ...	20 + ... = 30
10 + 40 = ...	40 + ... = 60
50 + 10 = ...	..... + 10 = 40
20 + 10 + 6 = ...	24 + ... = 30
30 + 10 + 10 = ...	..... + 38 = 40
40 + 10 + 2 = ...	47 + ... = 50

5 • Observe et continue.

60	50	40				

69	67	65					

6 • Relie les nombres égaux à 58.

10 + 10 + 10 + 10 + 8

40 + 10 + 5 + 3

20 + 40 + 8

30 + 20 + 5

54 + 4

58

5 + 8

80 + 5

50 + 8

10 + 30 + 10 + 8

0 à 69 : écritures et désignations

Je vais plus loin

7 • Complète.

d	u	
		40 + 5
		66
		10 + 10 + 10 + 5
		20 + 20 + 4
3		20 + 10 + 7
	5	10 + 20 + 10 + ...
		60
		10 + 5 + 20 + 10

8 • Relie une case de gauche à une case de droite de sorte que le total de ces deux cases soit égal à 56.

10 + 10 + 6	10 + 10 + 6
20 + 20	10 + 20
10 + 20	10 + 10 + 10 + 10
10 + 0 + 6	10 + 6
10 + 5 + 5	10 + 20 + 10
10 + 6	20 + 10 + 6

9 • Observe et continue.

45	47	49				
65	63	61				

Pas de problème !

Tu recopies les informations qui te sont utiles pour répondre à la question : quel est l'âge du frère de Magali ?

Julie a un petit chien roux. Il s'appelle Chiffon. Elle joue souvent avec lui. Magali a un petit chat. Ils ont le même âge. Magali a sept ans. Le grand frère de Magali a deux ans de plus qu'elle. La maman de Magali est brune.

Ce que je dois retenir...

- 0 = zéro
- 10 = dix = 1 dizaine et 0 unité
- 20 = vingt = 2 dizaines et 0 unité
- 30 = trente = 3 dizaines et 0 unité
- 40 = quarante = 4 dizaines et 0 unité
- 50 = cinquante = 5 dizaines et 0 unité
- 60 = soixante = 6 dizaines et 0 unité
- 61 = soixante et un = 6 dizaines et 1 unité
- 62 = soixante-deux = 6 dizaines et 2 unités
- 63 = soixante-trois = 6 dizaines et 3 unités

Ce que je vais apprendre…

- Comparer et ranger des nombres.
- Encadrer par nombres successifs.
- Encadrer par dizaines successives.

0 à 69 : ordre et comparaison

◆ Les résultats de la tombola de l'école sont affichés.
Un lot de consolation est attribué aux numéros juste avant et juste après un numéro gagnant.
Note tous les numéros donnant droit à un lot de consolation :

43																			

◆ Chacune des personnes présentes a un carnet de 10 tickets dont les numéros se suivent.
Ainsi, la petite fille a les numéros 41 ; 42 ; 43 ; 44 ; 45 ; 46 ; 47 ; 48 ; 49 et 50.
Qui a gagné et quoi ?

Ce que je sais déjà faire

■ Complète avec le signe qui convient : <, > ou =.

30 + 8 …. **40**

20 + 9 …. **29**

40 + 5 …. **45**

56 + 2 …. **52 + 6**

■ Complète.

Le nombre avant	Le nombre	Le nombre après
	46	
	51	
	39	
	30	

■ Complète.

Le nombre avant terminé par 0	Le nombre	Le nombre après terminé par 0
	27	
	31	
	48	
	52	

POUR PROGRESSER

MON DÉFI

0 à 69 : ordre et comparaison

Je m'entraîne avec aide

1 • Dans chaque série, colorie le nombre le plus petit.

60	32	23

47	19	38

28	52	25	47

56	52	59	57

46	64	60	49	51

2 • Place sur la ligne :
26 ; 55 ; 67 ; 33 ; 49 ; 42 ; 61.

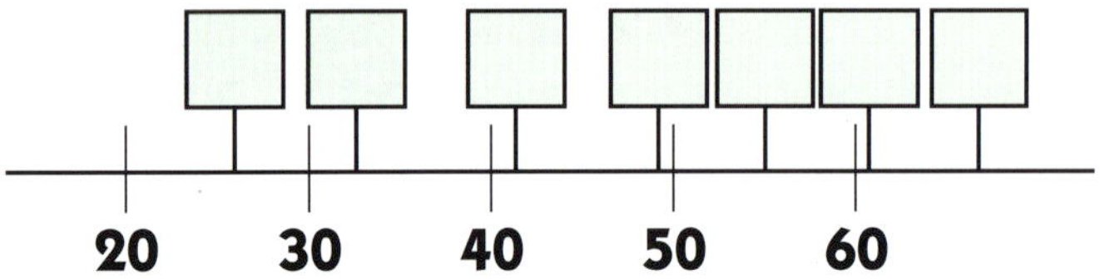

3 • Complète avec le signe qui convient : <, > ou =.

30 + 6 .... **36**

40 + 10 .... **9 + 40**

24 + 6 .... **30**

50 + 3 .... **60 + 2**

POUR M'AIDER

0	1	2	3	4	5	6	7	8	9
10	11	12	13	14	15	16	17	18	19
20	21	22	23	24	25	26	27	28	29
30	31	32	33	34	35	36	37	38	39
40	41	42	43	44	45	46	47	48	49
50	51	52	53	54	55	56	57	58	59
60	61	62	63	64	65	66	67	68	69

Je m'entraîne sans aide

4 • Observe et complète.

Nombre avant terminé par 0	Nombre juste avant	**Nombre**	Nombre juste après	Nombre après terminé par 0
40	42	43	44	50
		27		
		58		
			63	
	17			
			38	

5 • Complète avec le signe qui convient : <, > ou =.

30 + 8 .... **40**

10 + 17 .... **27**

34 .... **30 + 4**

50 + 7 .... **60 + 1**

58 .... **30 + 20**

10 + 20 + 15 .... **20 + 10 + 15**

6 • Range ces nombres dans l'ordre croissant.

vingt et un	40 + 7	36

50 + 15	52 + 4

51	soixante-cinq

25 + 2	quinze

quinze < .... < .... <

.... < .... < .... <

.... < .... < ....

0 à 69 : ordre et comparaison

Je vais plus loin

7 • Complète.

Nombre avant terminé par 0	Nombre juste avant	Nombre	Nombre juste après	Nombre après terminé par 0
50				**60**
			28	
	33			
			64	
	12			

8 • Range ces nombres dans l'ordre décroissant et tu découvriras une ville.

62 + 3	**48 + 1**	**34 + 3**	**50 + 10**
O	**E**	**X**	**R**
30 + 9	**40 + 2**	**60 + 8**	**53 + 3**
U	**A**	**B**	**D**

... ...

9 • Encadre chaque nombre par deux dizaines entières et successives.

$40 < 47 < 50$

..... $< 26 <$ .....

..... $< 59 <$ .....

..... $< 5 + 46 <$ .....

..... $< 60 <$ .....

..... $< 20 + 7 <$ .....

..... $< 15 + 15 <$ .....

..... $< 24 + 10 <$ .....

..... $< 70 <$ .....

Pas de problème !

En utilisant le tableau comme source d'information, résous le problème ci-dessous.

Madame Anna achète du sucre, des pâtes et du café. Combien paye-t-elle ? ....

	Poids du paquet	Marque	Nombre de paquets en rayon	Prix
sucre	1 kg	Bettasucre	62	28 F
café	250 g	Africa	48	22 F
gâteaux	200 g	Chovovert	27	35 F
pâtes	500 g	Itapasta	51	17 F

Colorie dans le tableau les cases que tu as utilisées.

Ce que je dois retenir...

0 1 2 3 4 5 6 7 8 9 10 11 12 13 14 15 16 17 18 19 20 21 22 23 24 25 26 27 28 29 30 31 32 33 34 35 36 37 38 39 40 41 42 43 44 45 46 47 48 49 50 51 52 53 54 55 56 57 58 59 60 61 62 63 64 65 66 67 68 69

Évaluation 1 Évaluation 1

1

• Donne des écritures différentes de 17.

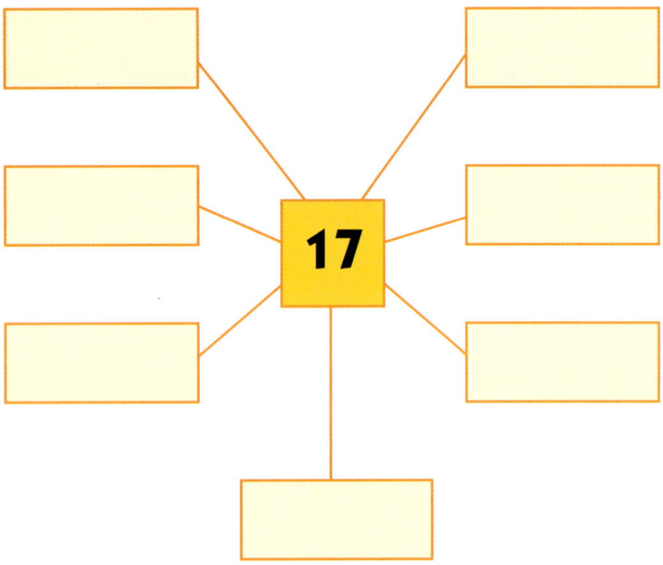

3

• Colorie les cases pour présenter ce nombre : 10 + 10 + 10 + 10 + 8.
Complète le tableau.

d	u

2

• Relie les points dans l'ordre croissant.

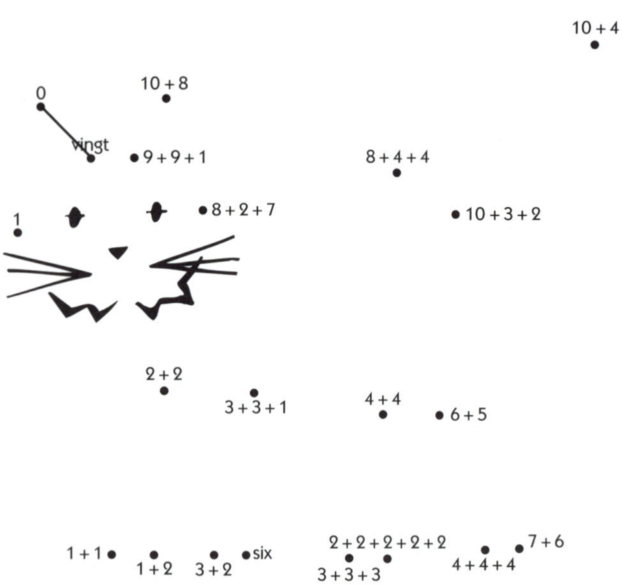

4

• Colorie les cases qui contiennent une écriture de 15.

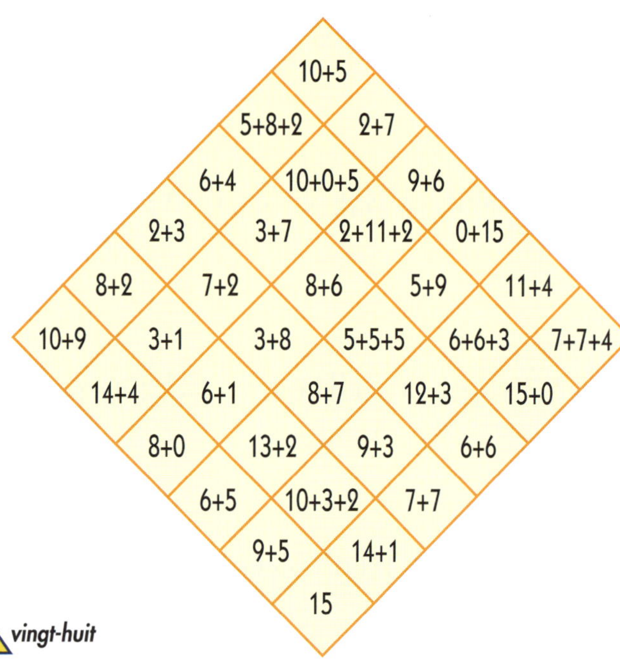

5

• Additionne ces nombres en choisissant de rapprocher ceux qui s'ajoutent facilement.

5 + 7 + 8 + 2 + 4 + 3 + 6

.... + ... + ... + ...

.... + ...

....

7

• Observe bien ces suites de nombres, retrouve la règle et continue.

15	17	19	21							
68	64	60								
14	19	24								
21	28	35								
69	64	59								
14	16	19	21	24						

6

• Colorie le chemin en bleu d'après les flèches :
→↓→→→↑→↑→↑→→→↓→↓→↓→→→↑

• Colorie le chemin en rouge d'après les flèches :
→↑→→→↓→↓→↓→→→↑→↑→↑→→→↓

• Code les cases coloriées à la fois en bleu et en rouge : (,) ; (,) ; (,) ; (,).

	1	2	3	4	5	6	7	8	9	10	11	12	13	14
a														
b														
c														
d														
e														
rouge → f														
bleu → g														
h														
i														
j														
k														
l														

8

• Chaque lettre correspond à un nombre. Range ces nombres en ordre croissant, remplace-les par les lettres et tu trouveras le nom d'une grande ville.

O = 10 + 10 + 10 + 13
R = 10 + 10 + 4
S = 4 + 4 + 4
U = 20 + 12 + 16
G = 42 + 25
S = 17 + 17
T = 1 + 8 + 7
R = 37 + 14
A = 5 + 5 + 5 + 5 + 4 + 4
B = 20 + 12 + 7

....

Ce que je vais apprendre...

- Compléter la table d'addition.

La table d'addition

Léa et Paul ont chacun rempli une table d'addition. Le maître a entouré un certain nombre d'erreurs.

- **Aide Paul à corriger son exercice en remplissant correctement sa table d'addition.**
- **Vérifie les calculs de Léa, entoure les erreurs et complète sa table.**

Ce que je sais déjà faire

- Place chaque étiquette à la place qui convient. Complète ensuite les cases vides en écrivant directement le résultat de l'addition.

+	1	3	4	5	6	7
7						
5						
1						
6						

7 + 3

5 + 6

4 + 1

6 + 7

1 + 1

5 + 3

POUR PROGRESSER

MON DÉFI

La table d'addition

Je m'entraîne avec aide

1 • Calcule.

4 + 2 = ... 8 + ... = 18

2 + 3 = ... 2 + 4 = ...

10 + 8 = ... 3 + ... = 5

2 • Complète chaque colonne.

16	20	14	18
8 + 8	10 + ...	8 + ...	10 + ...
10 + ...	..... + 11	..... + 6	9 + ...
..... + 9	7 + ...	7 + ...	4 + ...
12 + ...	15 + ...	10 + ...	17 + ...
11 + ...	4 + ...	..... + 9	..... + 2

POUR M'AIDER

+	0	1	2	3	4	5	6	7	8	9	10
0	0	1	2	3	4	5	6	7	8	9	10
1	1	2	3	4	5	6	7	8	9	10	11
2	2	3	4	5	6	7	8	9	10	11	12
3	3	4	5	6	7	8	9	10	11	12	13
4	4	5	6	7	8	9	10	11	12	13	14
5	5	6	7	8	9	10	11	12	13	14	15
6	6	7	8	9	10	11	12	13	14	15	16
7	7	8	9	10	11	12	13	14	15	16	17
8	8	9	10	11	12	13	14	15	16	17	18
9	9	10	11	12	13	14	15	16	17	18	19
10	10	11	12	13	14	15	16	17	18	19	20

3 + 5 5 + 3

3 + 5 = 5 + 3 = 8

Je m'entraîne sans aide

3 • Colorie d'une même couleur les ovales contenant la même somme.

3 + 3 + 8	9 + 5	10 + 6
9 + 7	12 + 8	5 + 5 + 10
4 + 16	12 + 4	10 + 4
10 + 10	7 + 7	8 + 3 + 5

4 • Complète cette table d'addition.

+	7	.....	8	4	.....	9
5		10				
9						
.....		5				
6						
.....				12		
10					20	

5 • Complète et calcule.

4 + 9 = 9 + ... = ... 7 + ... = 8 + 7 = ... 3 + ... + 9 = 8 + 9 + ... = ...

8 + ... = 9 + ... = ... + 5 = ... + ... = 14 7 + 7 + ... = 6 + 7 + ... = ...

9 + ... = ... + ... = 19 11 + ... = ... + ... = 16 ..... + ... + ... = ... + ... + ... = 18

La table d'addition

Je vais plus loin

6 • Complète la table d'addition.

+	9		7	
8	noir			
10	blanc	**14**	noir	
6				**14**

7 • Colorie en respectant le code couleur de la table d'addition de l'exercice 6.

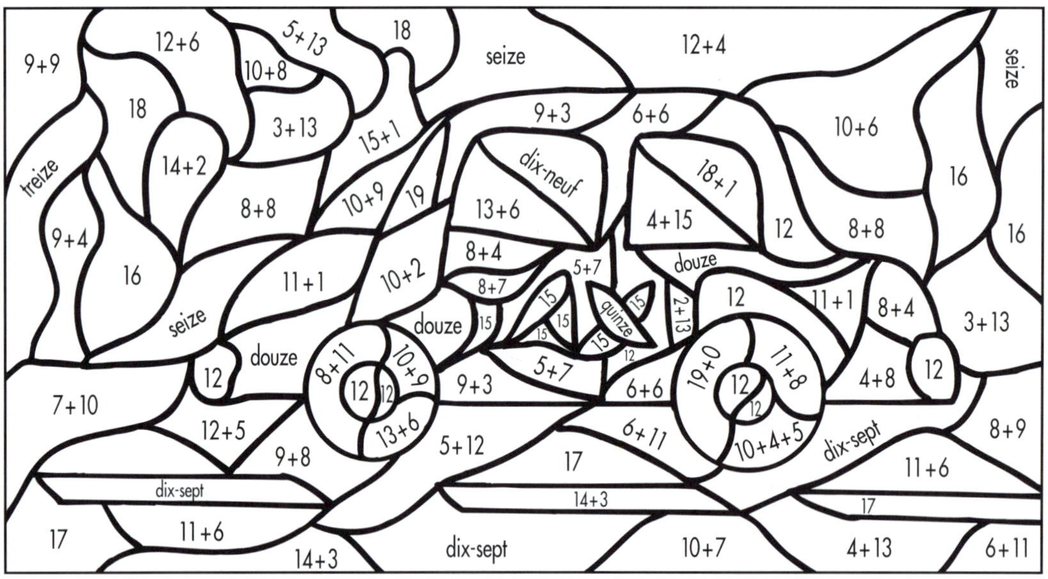

Pas de problème !

Dans le panier du goûter, on trouve des barres de chocolat, des pâtes de fruit et du nougat.
Nicole n'aime pas les pâtes de fruit.
Romain refuse de manger du chocolat.
Ali choisit le nougat.

Qui mange quoi ? ....
....

Nicole : ....
....

Romain : ....
....

Ali : ....
....

Ce que je dois retenir…

- ☐ Connaître la table d'addition.
- ☐ Savoir que dans une addition, l'ordre des nombres ne change pas le résultat :

$4 + 2 = 6$ et $2 + 4 = 6$

$7 + 8 = 15$ et $8 + 7 = 15$

+	1	2	3	4	5
1	2	3	4	5	6
2	3	4	5	6	7
3	4	5	6	7	8
4	5	6	7	8	9
5	6	7	8	9	10

Fiche 1

LIBERTE EGALITE 20 F 1995 FRATERNITE
LIBERTE EGALITE 10 F 1990 FRATERNITE
5 FRANCS LIBERTE EGALITE FRATERNITE 1985
2 FRANCS 1980
1 FRANC LIBERTE EGALITE FRATERNITE 1961
1/2 FRANC 1961
LIBERTE EGALITE FRATERNITE 20 CENTIMES 1989
LIBERTE EGALITE FRATERNITE 10 CENTIMES 1989
LIBERTE EGALITE FRATERNITE 5 CENTIMES 1989

LIBERTE EGALITE
20F
1995
FRATERNITE

LIBERTE EGALITE
20F
1995
FRATERNITE

Banque de France
SPÉCIMEN
50 Cinquante Francs
W01234 5678
50

Banque de France
SPÉCIMEN
50 Cinquante Francs
W01234 5678
50

Banque de France
SPÉCIMEN
100 Cent Francs
W01234 5678
100

Banque de France
SPÉCIMEN
100 Cent Francs
W01234 5678
100

Banque de France
SPÉCIMEN
200 Deux Cents Francs
W01234 5678
200

Banque de France
SPÉCIMEN
200 Deux Cents Francs
W01234 5678
200

Banque de France
SPÉCIMEN
500 Cinq Cents Francs
W01234 5678
500

Banque de France
SPÉCIMEN
500 Cinq Cents Francs
W01234 5678
500

Utiliser la règle, l'équerre et le compas

Ce que je vais apprendre...

- Tracer des traits droits avec une règle.
- Reconnaître et tracer des angles droits.
- Utiliser le compas pour tracer des cercles et comparer des longueurs de segments.

- **Avec ta règle, trace le fil du funambule, sa perche d'équilibre ainsi que les câbles du trapèze.**
- **Avec ton équerre, repère les angles droits dans la scène du cirque et marque-les à l'aide du symbole ∟.**
- **Pour dessiner le cerceau dans lequel le lion s'apprête à sauter, place la pointe sèche du compas sur la croix puis trace le cercle. Dessine ensuite le ballon de l'otarie, de la même façon.**

Ce que je sais déjà faire

- Fabrique une équerre. Pour cela, replie la feuille sur le bord vert, puis colorie l'angle droit en rouge comme sur le schéma.

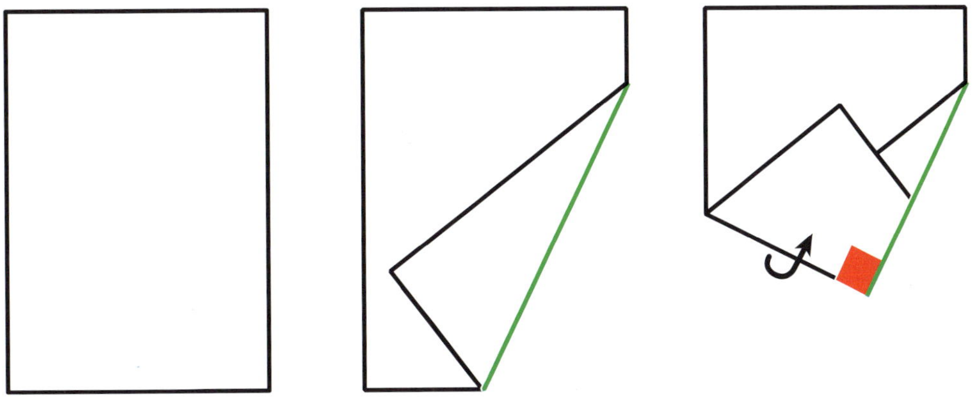

- Repère dans la classe des objets qui ont au moins un angle droit : contrôle avec ton équerre.

POUR PROGRESSER

MON DÉFI

Utiliser la règle, l'équerre et le compas

Je m'entraîne avec aide

1 • À l'aide de ton équerre, cherche tous les angles droits de ces figures et symbolise-le par ∟. Compare les longueurs des segments de chaque figure avec le compas, puis complète avec = ou ≠.

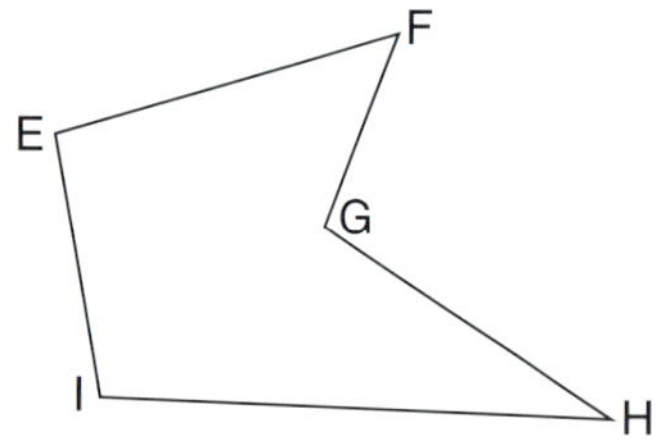

AB ..... **CD**
AB ..... **EF**

GH ..... **EF**
CD ..... **EG**
FI ..... **CD**

2 • Place la pointe sèche du compas sur la croix et prends un écartement égal à la longueur du trait rouge. Trace un cercle. Trace un 2e cercle ayant le même centre mais avec un écartement un peu plus grand. Avec ta règle, dessine des rayons de la roue en prenant exemple sur le rayon rouge.

POUR M'AIDER

J'utilise l'équerre pour comparer des angles.

C'est un angle droit.

Ce ne sont pas des angles droits.

J'utilise le compas :

1. pour tracer des cercles (j'indique le centre du cercle par une croix) ;

2. pour comparer des segments.

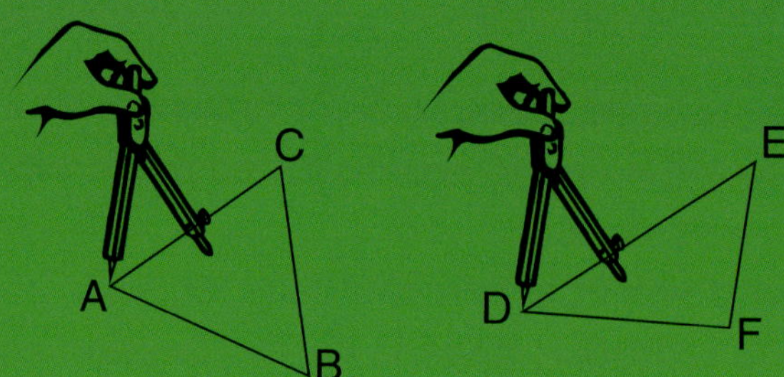

L'écartement du compas est le même entre AB et DF, donc AB = DF

Je m'entraîne sans aide

3 • Observe comment tracer, avec un compas, un triangle dont les trois côtés sont égaux.

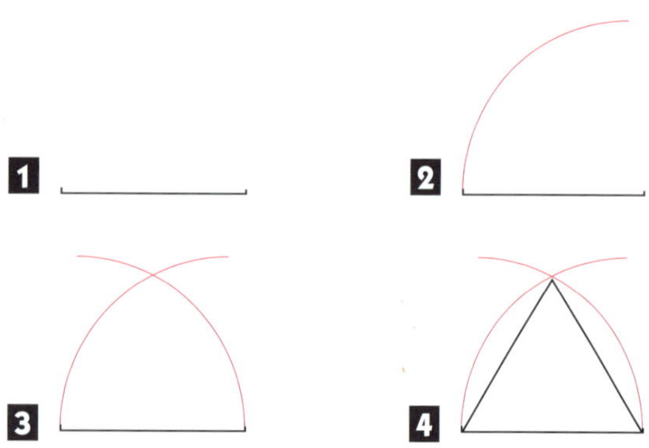

• Avec ton compas, trace maintenant un triangle , dont les trois côtés sont égaux.

Utiliser la règle, l'équerre et le compas

Je vais plus loin

4 • Observe et continue.

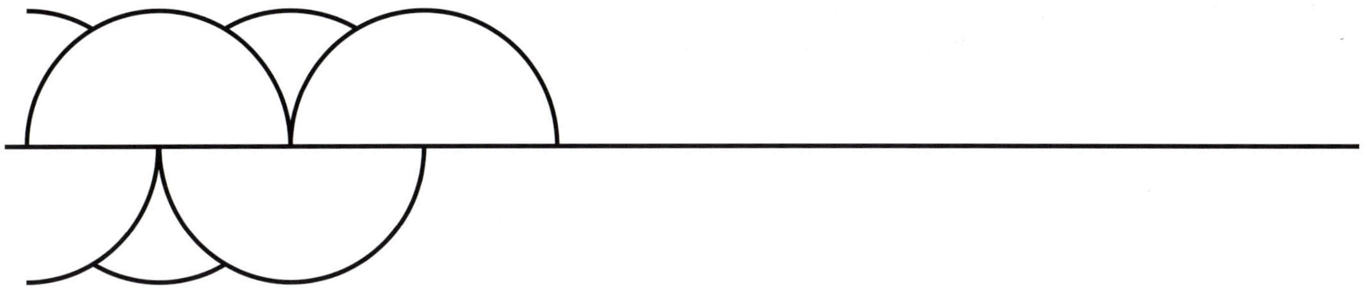

5 • À l'aide de la règle et de l'équerre, reproduis le bateau en traçant les traits manquants.
Symbolise ensuite les angles droits ⌞.
Colorie d'une même couleur les segments de même longueur.

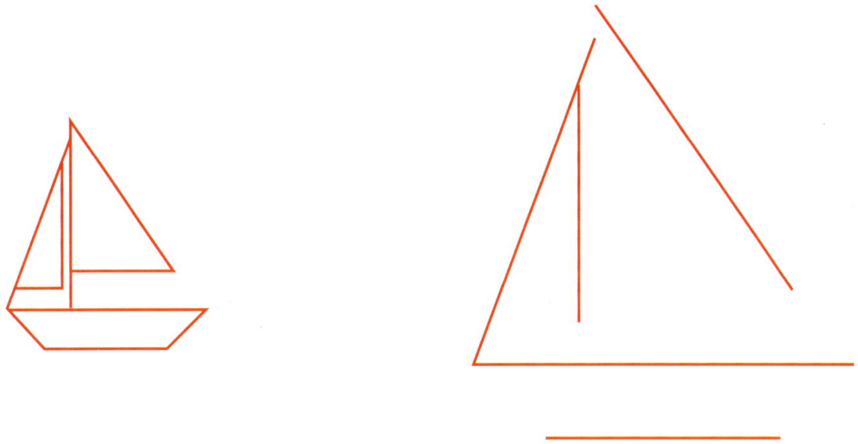

Pas de problème !

Max, Ali, Nicole, Jean et Catia ont pris place dans les wagonnets du Grand Huit. Les deux filles sont assises ensemble, derrière Max et Ali. Max est du même côté que Nicole, à droite du wagonnet. Jean est en tête du petit train. Inscris la première lettre du nom de chaque enfant sur son visage resté blanc.

Ce que je dois retenir…

- ☐ J'utilise la règle pour tracer une droite entre deux points.
- ☐ J'utilise l'équerre pour trouver et tracer des angles droits.
- ☐ Avec le compas, je peux comparer des longueurs de segments.
- ☐ J'utilise le compas pour tracer un cercle en mettant la pointe sèche au centre désigné par une croix.

Ce que je vais apprendre…

- Écrire les nombres de 0 à 99 en chiffres et en lettres.
- Connaître la suite des nombres.

0 à 99 : écritures et désignations

◆ Dans la bulle vide, écris en lettres les numéros qui forment le quine (ligne de 5 nombres) de Romain :

17 ; 22 ; 41 ; 73 ; 90

◆ Complète le carton de Nicole en dessinant des grains de maïs sur les numéros annoncés.

2		30		52	63		90
4	13		41	59			87
		37			66	75	

Ce que je sais déjà faire

■ Complète le tableau selon l'exemple donné.

			d	u
54	cinquante-quatre	50 + 4	**5**	**4**
38				
			4	**7**
	soixante et un			
		90 + 3		

POUR PROGRESSER

MON DÉFI

0 à 99 : écritures et désignations

Je m'entraîne avec aide

1 • Complète.

70 + 3 = ...

40 + 20 + 13 = ...

90 + 8 = ...

40 + 40 + 4 = ...

50 + 40 + 7 = ...

70 + ... = ... + 19 = ...

2 • Colorie de la même couleur les étiquettes représentant le même nombre.

70 + 8	60 + 15	20 + 55
10 + 50 + 30 + 5	20 + 20 + 35	
soixante-quinze	95	75
40 + 30 + 8	soixante-dix-huit	
quatre-vingt-quinze	60 + 18	

POUR M'AIDER

10 : dix	80 : quatre-vingts
20 : vingt	90 : quatre-vingt-dix
30 : trente	
40 : quarante	21 : vingt et un
50 : cinquante	36 : trente-six
60 : soixante	74 : soixante-quatorze
70 : soixante-dix	82 : quatre-vingt-deux

$$70 = 60 + 10$$

$$72 = 60 + 12$$
$$= 60 + 10 + 2$$
$$= 70 + 2$$

$$80 = 20 + 20 + 20 + 20$$

$$90 = 80 + 10$$

Je m'entraîne sans aide

3 • Calcule chaque somme d'argent.
Écris-la en chiffres puis en lettres.

Noémie a .... **F.**

Noémie a .... **francs.**

Alain a .... **F.**

Alain a .... **francs.**

4 • Coche les cases qui conviennent.

	70	73	80	90	99
40 + 20 + 10	✗				
50 + 20 + 20 + 9					
10 + 30 + 30					
30 + 25 + 25					
45 + 45					
10 + 50 + 13					

0 à 99 : écritures et désignations

Je vais plus loin

5 • Écris les nombres en chiffres.

vingt-huit : ....

quarante et un : ....

soixante-dix-neuf : ....

trente-neuf : ....

quatre-vingt-quinze : ....

6 • Écris les nombres en lettres.

37 : ....

49 : ....

74 : ....

80 : ....

91 : ....

66 : ....

7 • Colorie selon le code suivant :

67 : gris | 85 : orange
95 : rouge | 77 : jaune
97 : marron clair | 87 : orange

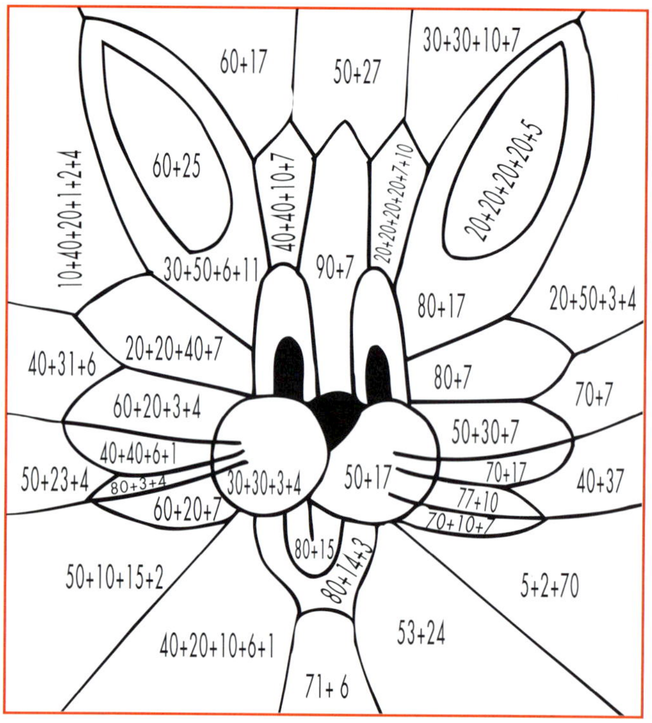

Pas de problème !

Voici le graphique qu'Ali a construit à partir de son arbre généalogique.

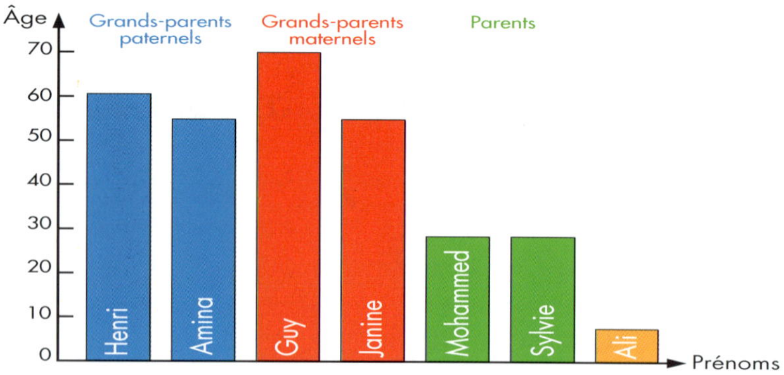

Réponds aux questions lorsque c'est possible.

- Qui sont les grands-parents maternels d'Ali ? ....
- Quel est l'âge de Guy ? ....
- Quelle est la personne la plus grande de la famille ? ....
- Quelle est la personne la plus âgée de la famille ? ....
- Le père d'Ali est-il plus âgé que sa femme Sylvie ? ....

Ce que je dois retenir…

☐ Je dois savoir écrire un nombre sous plusieurs formes :

en chiffres	en lettres	en écriture additive
68	soixante-huit	60 + 8
71	soixante et onze	60 + 11
84	quatre-vingt-quatre	80 + 4
92	quatre-vingt-douze	80 + 10 + 2

0 à 99 : ordre et comparaison

Ce que je vais apprendre…

- Comparer des nombres.
- Ranger des nombres dans un ordre croissant ou décroissant.

- **Parmi les équipes citées dans le journal, souligne le nom des équipes qui ont gagné lors de la 23ᵉ journée de basket.**
- **Écris dans l'ordre les six équipes masculines qui ont marqué le plus de points au cours de cette journée.**

- **Écris dans l'ordre le nom des six équipes féminines qui ont marqué le moins de points.**

Ce que je sais déjà faire

- Dans chaque série, entoure le nombre le plus grand.

46 27 59 75 **46 64 57** **87 97** **55 52 59**

39 81 75 80 16 **56 47 59 65 8** **87 94 89 92**

- Observe, puis complète.

69 70 71

81 .... **84** .... **86** ....

40 .... **37** **35**

24 .... **26**

POUR PROGRESSER

MON DÉFI

0 à 99 : ordre et comparaison

Je m'entraîne avec aide

1 • Complète avec le signe qui convient : <, > ou =.

69 ..... **96** | **39** **93**

47 ..... **42 + 5** | **96** **79**

84 ..... **94** | **40 + 12** **52**

2 • Écris pour chaque nombre celui qui vient juste avant et celui qui vient juste après.

..... < **52** < ..... | ..... < **91** < .....

..... < **60** < ..... | ..... < **80** < .....

..... < **87** < ..... | ..... < **39** < .....

3 • Encadre chaque nombre entre deux dizaines entières et successives.

..... < **52** < ..... | ..... < **67** < .....

..... < **84** < ..... | ..... < **36** < .....

..... < **75** < ..... | ..... < **44** < .....

POUR M'AIDER

0	1	2	3	4	5	6	7	8	9
10	11	12	13	14	15	16	17	18	19
20	21	22	23	24	25	26	27	28	29
30	31	32	33	34	35	36	37	38	39
40	41	42	43	44	45	46	47	48	49
50	51	52	53	54	55	56	57	58	59
60	61	62	63	64	65	66	67	68	69
70	71	72	73	74	75	76	77	78	79
80	81	82	83	84	85	86	87	88	89
90	91	92	93	94	95	96	97	98	99

Je vois que 45 est compris entre 44 et 46.
L'encadrement de 45 s'écrit : 44 < 45 < 46

Je peux encadrer le nombre 45 entre deux dizaines entières successives : 40 < 45 < 50

dizaine juste avant	nombre	dizaine juste après
40	45	50
50	60	70
80	87	90

Je m'entraîne sans aide

4 • Observe et continue.

10 20 30 ....

14 24 34 ....

17 27 ....

5 • Range.

73 46 29 57 87 78 37

.... < .... < .... < .... < .... < .... < ....

98 89 19 91 65 48 83

.... < .... < .... < .... < .... < .... < ....

53 45 69 96 90 58 85

.... < .... < .... < .... < .... < .... < ....

6 • Complète avec le signe qui convient : <, > ou =.

40 + 35 ..... **20 + 50** | **30 + 8** **39**

60 + 16 ..... **76** | **50 + 12** **72**

30 + 20 + 2 ..... **60 + 4** | **30 + 20** ..... **50 + 2**

7 • Compte de 2 en 2.

32 34 36 ....

41 43 ....

• Compte de 5 en 5.

20 25 ....

• Compte de 7 en 7.

32 39 ....

0 à 99 : ordre et comparaison

Je vais plus loin

8 • Observe et continue.

2 5 7 10 12 ....

1 2 4 7 11 ....

68 65 62 ....

87 82 77 ....

9 • Trace en rouge le chemin qui mène de 11 à 102 en avançant de 7 en 7.

11	19	54	61	68	75	83
18	33	46	53	60	66	84
25	32	39	45	67	73	80
33	38	47	75	74	81	89
40	48	55	83	80	88	96
46	56	63	90	87	95	102

10 • Inscris dans le tableau les nombres suivants :
99 ; 63 ; 39 ; 70 ; 92 ; 57 ; 75 ; 93 ; 82 ; 90.

30	31	32	33						
					45				
				54					
								68	
		72							
						86			
							97		

Place dans la bonne case :
- le nombre juste avant 90 ;
- le nombre juste après 59 ;
- le nombre égal à 20 + 20 + 20 + 20 ;
- les nombres compris entre 75 et 82 ;
- les deux nombres composés des chiffres 7 et 8.

Pas de problème !

Lis attentivement la description du coupable afin de pouvoir le découvrir parmi les suspects.

1

2

3

4

5

6

- Le coupable a une barbe.
- Le coupable n'a pas les yeux verts.
- Le coupable ne porte pas de lunettes.
- Le coupable ne porte ni chapeau, ni béret.

Le coupable est le suspect n°...... .

Ce que je dois retenir...

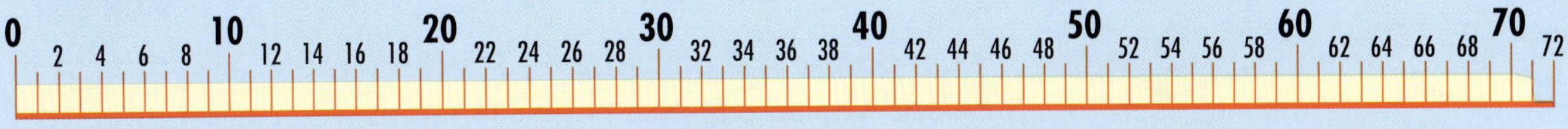

Cette droite numérique me permet de voir que 25 < 33 et que 57 > 49. Je sais ranger des nombres du plus petit au plus grand.

Ajouter un nombre

Ce que je vais apprendre...

- Ajouter un nombre à d'autres nombres.
- Compter de 3 en 3.
- Compter de 4 en 4.

◆ Classe les friandises de la plus chère à la moins chère, avant l'augmentation.

◆ Complète les étiquettes de chaque bocal, après l'augmentation. Classe les friandises de la plus chère à la moins chère, après l'augmentation.

◆ Que remarques-tu ?

Ce que je sais déjà faire

Catia

Max

Nicole

Romain

■ Regarde la tirelire de chacun, puis complète la 1re colonne du tableau.

		a 10 →
Max	25	
Catia		
Nicole		
Romain		

Colorie en vert la case de l'enfant le plus riche. Colorie en jaune la case de l'enfant le moins riche.

■ On donne une pièce de 10 F à chaque enfant. Qui sera le plus riche ? le moins riche ? Complète la 2e colonne du tableau.

POUR PROGRESSER

MON DÉFI

Ajouter un nombre

Je m'entraîne avec aide

1 • Complète les tableaux.

(a 10, a 7, a …)

49	59	66
14		
62		
80		

(a 5)

61	30	75	88		
66				98	26

(a 5, a 9, a 14)

61		37			85
66	55			25	
75			74		

2 • Complète.

8 —a 5→ [ ] —a 7→ [ ] —a 9→ [ ]

15 —a 6→ [ ] —a …→ 31 —a 9→ [ ]

3 • Compte de 4 en 4.

14 18 …… …… …… …… …… …… ……

• Compte de 5 en 5.

53 …… …… …… …… …… …… …… ……

POUR M'AIDER

(a3 4+3, a5 7+5, a8 4+8)

4	12	17	38	46	95	60	87	82	29
7	15	20	41	49	98	63	90	85	32
12	20	25	46	54	103	68	95	90	37

Je m'entraîne sans aide

4 • Complète les tableaux et les opérateurs.
• Pour le deuxième tableau, utilise des nombres de ton choix.

(a 4, a 6, a …)

2		
26		
18		
9		
	12	
36		46
15		
20	24	30

(a 3, a …, a 8)

10	13	18
26		
39	42	47

24 —a …→ 36 —a …→ 40 —a …→ 50 —a …→ 55

[ ] —a 5→ 20 —a …→ 27 —a …→ 38

(a 9)

46	52	5	17	28	49	90

(a …)

41	26	19	53	60		7
48					77	14

Ajouter un nombre

Je vais plus loin

5 • Complète les tableaux.

13			61		
	47			15	
27		14		22	40

a 7

a …

46	15			9		
		40	60		31	52

a 20

6 • Pour chaque tableau, observe et trouve la règle qui te permettra d'entourer d'autres nombres.

31	32	33	34
35	36	37	38
39	40	41	42
43	44	45	46
47	48	49	50
51	52	53	54
55	56	57	58
59	60	61	62
63	64	65	66

43	44	45	46	47	48
49	50	51	52	53	54
55	56	57	58	59	60
61	62	63	64	65	66
67	68	69	70	71	72
73	74	75	76	77	78
79	80	81	82	83	84
85	86	87	88	89	90
91	92	93	94	95	96

Pas de problème !

Une classe de 25 élèves de CE1 a planté des bulbes de tulipes en deux étapes.
La première fois, 12 élèves ont planté 24 bulbes.
La seconde fois, le reste de la classe a planté 26 bulbes.
Combien de bulbes ont été plantés ?

1. Entoure l'écriture qui donne la solution du problème.

- 25 + 12 + 24 + 26 = 87
- 24 + 26 = 50
- 25 – 12 = 13
- 12 + 13 = 25

2. Souligne dans l'énoncé les nombres qui ont été utilisés et barre les autres.

Ce que je dois retenir…

- Les écritures additives.

a 3 se lit : ajouter 3

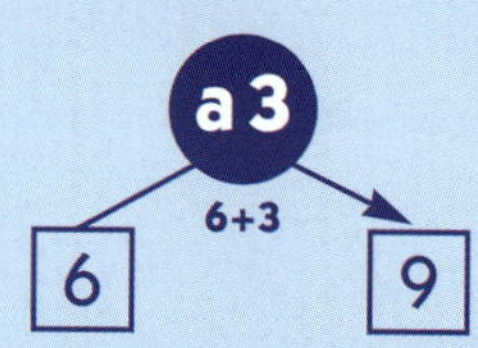

- Si j'ajoute un même nombre à tous les nombres d'une suite, l'ordre ne change pas.

$$8 < 10 < 15 < 20$$
$$8 + 3 < 10 + 3 < 15 + 3 < 20 + 3$$
$$11 < 13 < 18 < 23$$

Ce que je vais apprendre...

- Comparer des longueurs.
- Mesurer des longueurs avec une règle graduée.
- Utiliser les unités de longueur : le mètre (m), le centimètre (cm) et le millimètre (mm).

Longueurs : comparaisons et mesures

- Colorie d'une même couleur les baguettes du cerf-volant qui sont de même longueur et explique sur ton brouillon comment tu as mesuré.
- Pour pouvoir découper le bois de façon précise, le grand frère d'Éric mesure les baguettes avec une règle graduée.
  Reporte les mesures (A) ☐ cm, (B) ☐ cm, (C) ☐ cm et ☐ mm,
  (D) ☐ cm et ☐ mm, (E) ☐ cm et ☐ mm, (F) ☐ cm et ☐ mm.
- Trace la ficelle qui servira de queue au cerf-volant ; elle mesure 4 centimètres.
  Décore-la avec des nœuds de couleur.

Ce que je sais déjà faire

- Compare la longueur de ces 4 véhicules :

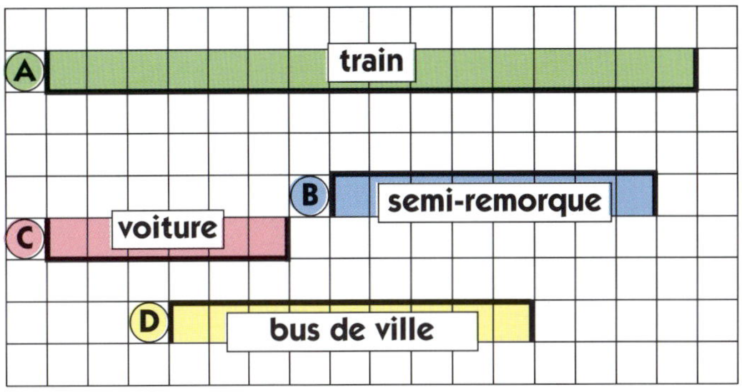

- Classe les véhicules du plus long au plus court.

POUR PROGRESSER

MON DÉFI

Longueurs : comparaisons et mesures

Je m'entraîne avec aide

1 • Magali, Romain et Ali ont mesuré la bande de papier rouge avec leur règle graduée.

Qui a placé correctement sa règle ?

....

Quelle est la mesure de la bande ?

....

Pourquoi ? ....

....

POUR M'AIDER

Je pose le 0 de la règle sur le point A et je regarde quel est le nombre de centimètres et de millimètres indiqué par le trait juste en dessous du point B.

AB mesure 7 cm. CD mesure 5 cm et 3 mm ou 53 mm.

2 • Complète avec km, m, cm ou mm.

– Une fourmi mesure environ 4 ....
– Je suis tombé dans un trou de 1 .... de profondeur.
– La tour Eiffel mesure 300 .... de hauteur.
– J'ai une règle de 20 ....
– De Paris à Bordeaux, il y a 555 ....

Je m'entraîne sans aide

3 • Mesure les segments et reporte les résultats dans le tableau.

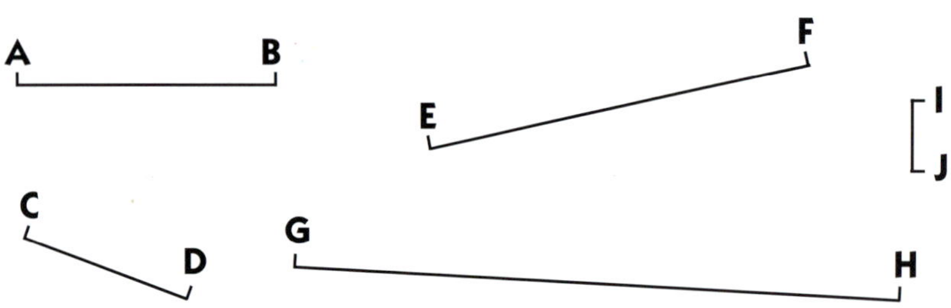

segment	mesure en cm et mm
AB	
CD	
EF	
GH	
IJ	

4 • La boule la plus éloignée du cochonnet est celle de ....

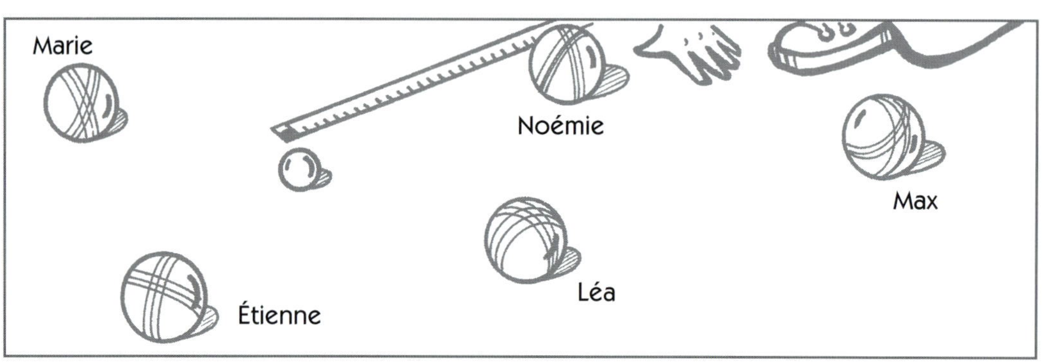

Longueurs : comparaisons et mesures

Je vais plus loin

5

• L'araignée hésite entre deux chemins pour aller dévorer la mouche : le chemin ABCDM et le chemin APQM.

– Mesure la longueur des segments, puis complète :

– La longueur de AB est comprise entre .... cm et .... cm.

– La longueur de CD est comprise entre .... cm et .... cm.

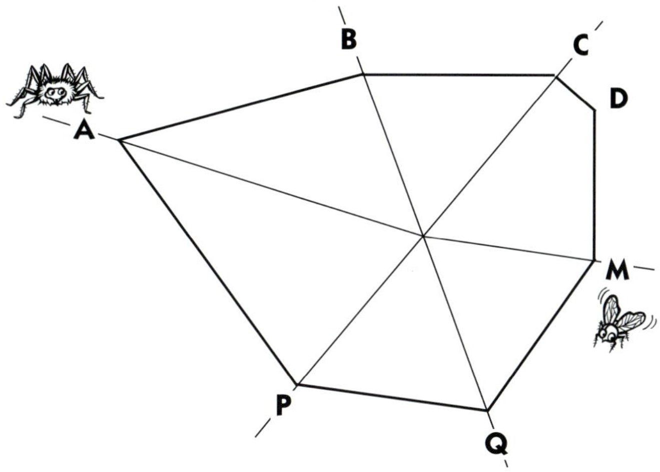

Utilise ta règle graduée pour trouver le chemin le plus court. ....

6

• Trace les segments suivants :
– AB dont la longueur est de 9 cm ;
– CD dont la longueur est comprise entre 3 cm et 4 cm ;
– EF dont la longueur est de 6 cm et 5 mm ;
– GH dont la longueur est plus courte que celle de AB.

Pas de problème !

Écris sur ton cahier de brouillon les consignes qui permettront à un camarade absent de reproduire exactement cette figure.
(Tu peux te reporter à la séquence 10 page 35).

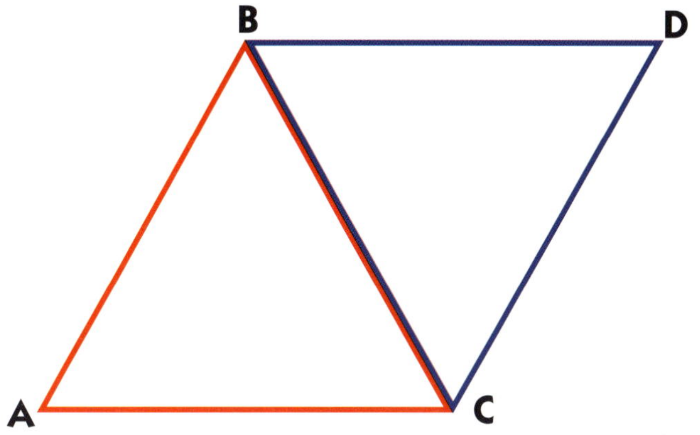

Ce que je dois retenir…

- Les unités de longueur les plus utilisées dans la vie courante sont le kilomètre (km), le mètre (m), le centimètre (cm) et le millimètre (mm).
- La règle graduée permet de mesurer la longueur d'un segment.

Ce que je vais apprendre...

- Effectuer des additions avec ou sans retenues avec des nombres présentés :
  - en colonne ;
  - en ligne avec des parenthèses ;
  - en ligne sous forme d'arbre à calcul.

Technique de l'addition : nombres à 2 chiffres

◆ Combien d'argent Jean a-t-il reçu pour avoir tondu la pelouse et lavé la voiture ?

◆ Il avait déjà 55 F dans sa tirelire. De quelle somme dispose-t-il maintenant ?

◆ Termine tous les calculs qu'il a commencés sur la page de carnet et écris ce qu'il peut acheter avec son argent.

Ce que je sais déjà faire

■ Continue le calcul.

13 + 26 = (10 + 3) + (20 + 6)

= (10 + 20) + (..... + ...)

= ..... + ...

= .....

■ Pose en colonne, puis calcule.

13 + 26 = ...

75 + 8 = ...

	....	....
+	....	....
	....	....

	....	....
+	....	....
	....	....

POUR PROGRESSER

MON DÉFI

Technique de l'addition : nombres à 2 chiffres

Je m'entraîne avec aide

1 • Calcule.

29 + 44

	2	9
+	4	4
	....	....

57 + 28

	....	....
+	....	....
	....	....

2 • Calcule grâce à la décomposition de l'arbre.

59 + 24 = (50 + 9) + (.... + ...)

= .... + ...

= ....

3 • Calcule avec des parenthèses.

38 + 57 = (30 + ...) + (..... + ...)

= (..... + ...) + (..... + ...)

= ..... + ...

= .....

POUR M'AIDER

Pour calculer 38 + 27

	(1)	
	3	8
+	2	7
	6	5

1. J'additionne les unités : 8 + 7 = 15
2. 15 égale 1d et 5 u. Je pose 5 sous les unités.
3. Je retiens 1 avec les dizaines.
4. J'additionne les dizaines et la retenue : 1 + 3 + 2 = 6

Je calcule en faisant un arbre.

17 + 54

= (10 + 7) + (50 + 4)

= 60 + 11

= 71

Je m'entraîne sans aide

4 • Pose en colonne et calcule.

53 + 17 = ...

	....	....
+	....	....
	....	....

39 + 9 = ...

	....	....
+	....	....
	....	....

26 + 23 + 18 = ...

	....	....
+	....	....
+	....	....
	....	....

52 + 9 + 34 = ...

	....	....
+	....	....
+	....	....
	....	....

5 • Complète ces additions.

	4	4
+	....	....
	6	8

	3	2
+	....	....
	8	8

	....	....
+	1	9
	6	9

	4	4
+	....	3
	5	....

	2	....
+	3	4
	....	8

	....	4
+	3	....
	5	8

Technique de l'addition : nombres à 2 chiffres

Je vais plus loin

6 • Complète les additions.

3 5	5	 3	5 2	2 5	 3
+	+ 7	+ 2 7	+	+ 6	+ 2 ....
9 8	7 8	8	8 1	8	5 1

7 • Effectue les additions correctement posées et barre les autres.

4 9	5 7	5 8	9
+ 8	+ 9	+ 1 3	+ 5 1
....	....	....	....

1 8	4 2	3 6	4 8
+ 2 4	+ 8	+ 2 5	+ 3 9
+ 9	+ 1 7	+ 3	+ 4 5
....	....	....	....

Pas de problème !

Dans l'énoncé suivant, souligne les informations nécessaires à la résolution du problème, puis barre les autres.

M. Victor, qui a fêté ses 37 ans hier, est parti en voyage en Afrique pendant 15 jours. Il a visité le Kenya en compagnie de 16 autres personnes d'abord, puis trois de plus ensuite. Il a rapporté de son voyage 5 films et 10 pochettes de photos, soit 240 photos.

Combien de personnes, y compris M. Victor, ont visité le Kenya lors de ce voyage ?

....

....

Ce que je dois retenir…

- Quand je pose l'addition en colonne, je dois bien aligner les unités sous les unités et les dizaines sous les dizaines.

36 + 8 = 44

	(1)	
	3	6
+		8
	4	4

- Je peux aussi effectuer une addition en ligne.

25 + 36 = 20 + 5 + 30 + 6
= (20 + 30) + (5 + 6)
= 50 + 11
= 61

Les solides : observations

Ce que je vais apprendre...

- Décrire des solides.
- Reconnaître et nommer certains solides.

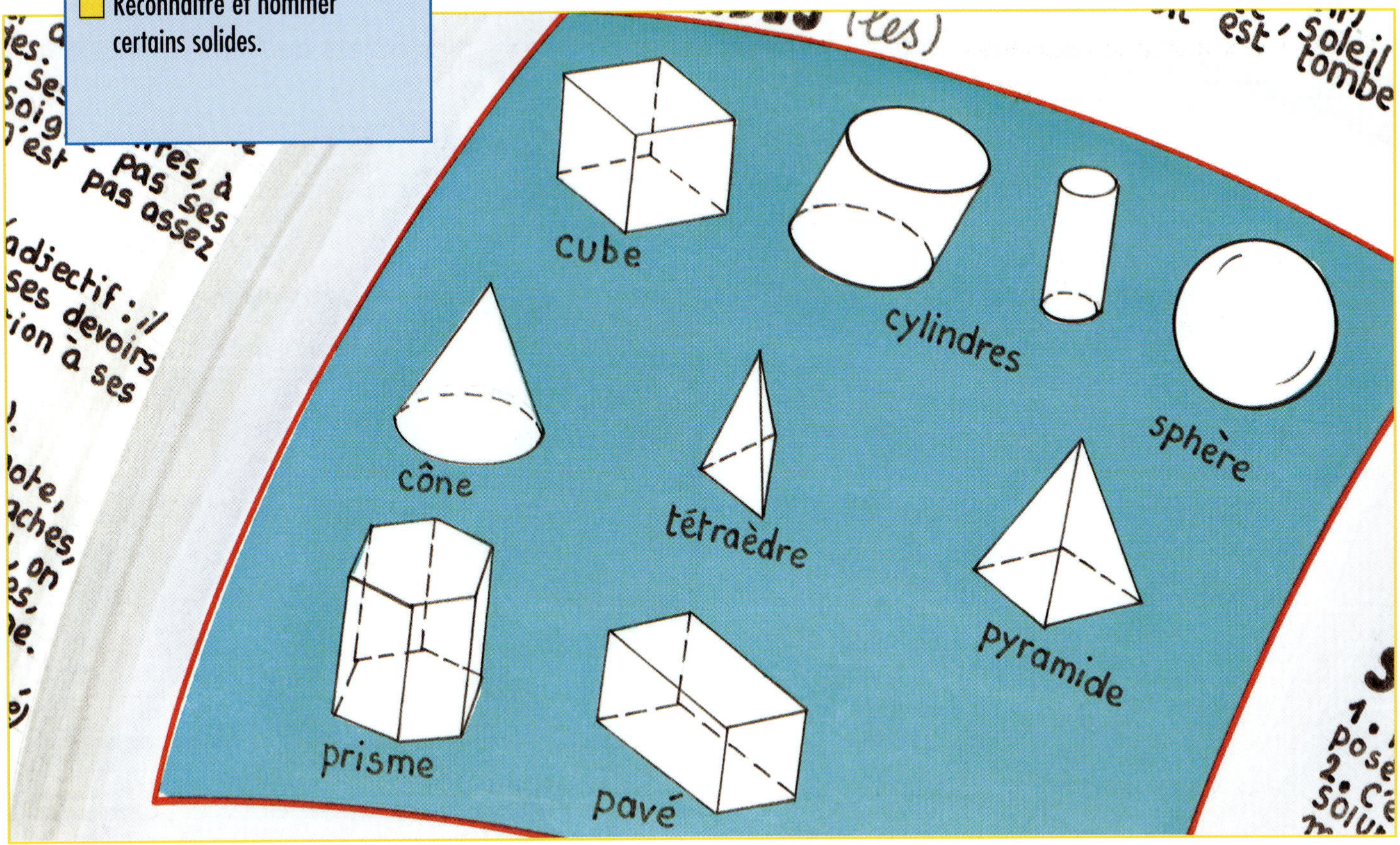

- Repasse les arêtes de chaque solide.
- Colorie en vert les solides qui n'ont pas de sommet.
- Colorie en bleu les solides qui ont au moins 6 faces.

Ce que je sais déjà faire

■ Pour chacun des solides, indique le nombre d'arêtes, de sommets, de faces.

	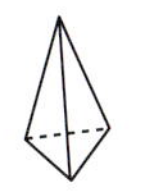	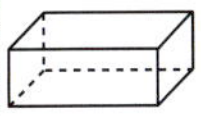	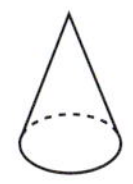			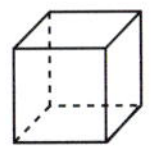	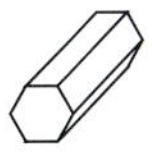	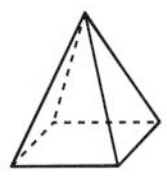	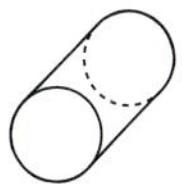
arêtes									
sommets									
faces									

POUR PROGRESSER

MON DÉFI

Les solides : observations

Je m'entraîne avec aide

1 • Entoure en rouge les objets de forme sphérique et en vert les objets de forme cylindrique.

2 • Marque sous chaque objet sa forme géométrique.

....

....

....

....

....

....

POUR M'AIDER

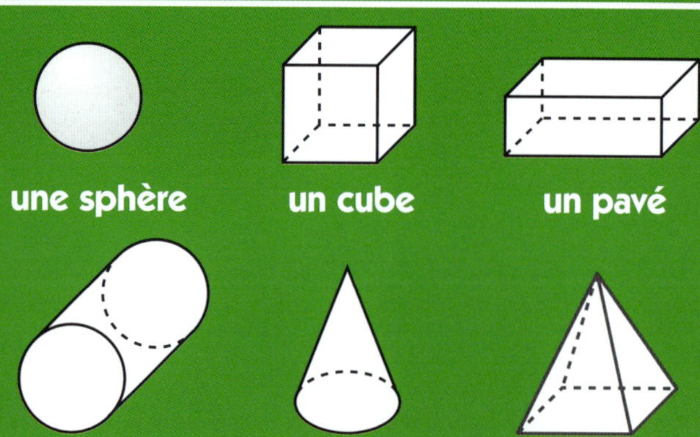

Je m'entraîne sans aide

3 • Repasse en rouge les arêtes, nomme les sommets avec des lettres puis complète le tableau.

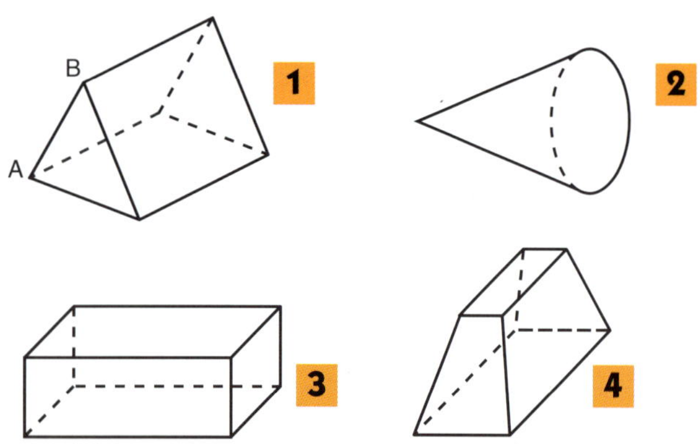

Solide	nombre de sommets	nombre d'arêtes	nombre de faces
1			
2			
3			
4			

4 • Observe, puis compte le nombre de pavés utilisés pour construire chaque solide.

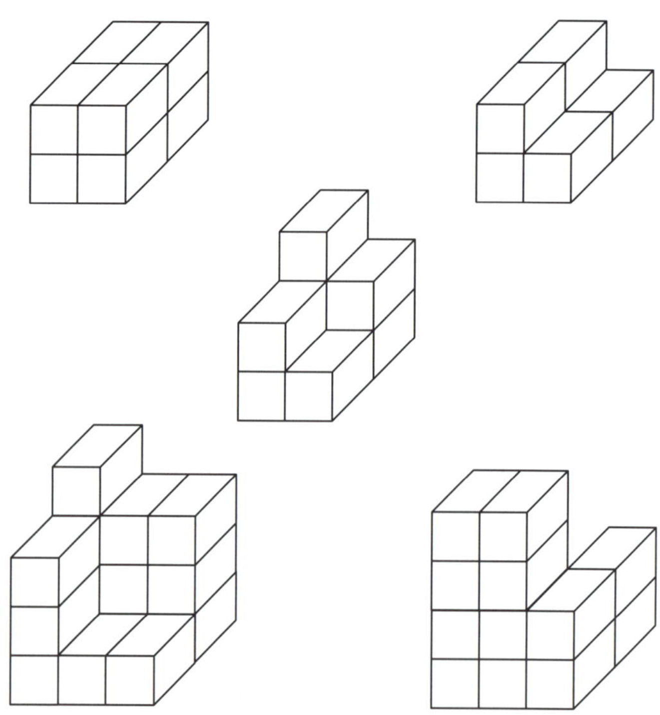

Les solides : observations

Je vais plus loin

5 • Relie chaque solide à une empreinte sur laquelle tu peux le poser. Un même solide peut avoir plusieurs empreintes.

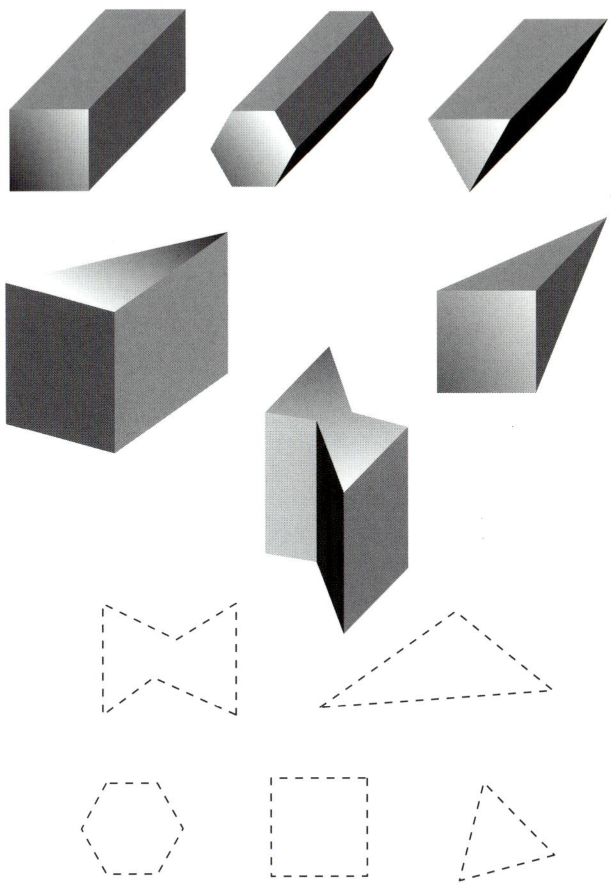

6 • Trouve le nombre de pavés utilisés pour la construction de chaque solide et complète le tableau.

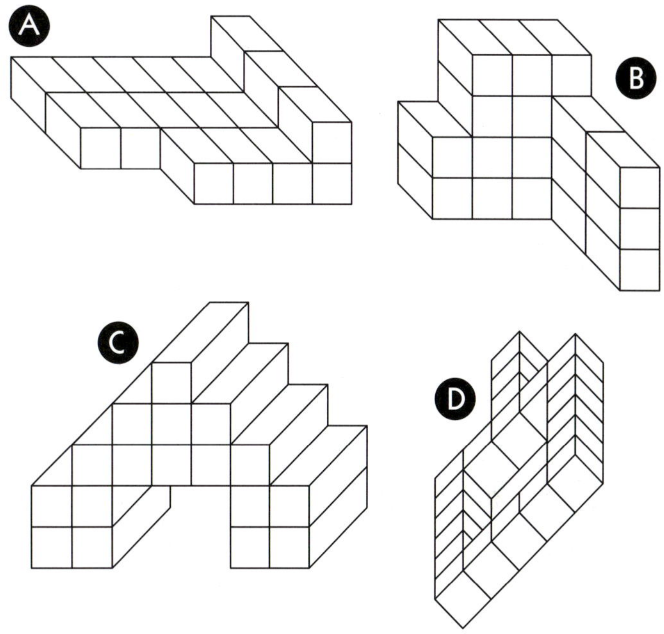

empilement	A	B	C	D
nombre de pavés				

Pas de problème !

Devinette.
Je pense à un nombre de deux chiffres.
Ce nombre est plus grand que 60 et plus petit que 70.
Si j'additionne les deux chiffres, j'obtiens 10.

Quel est le nombre auquel je pense ? [ ]

À la fin de la première période, les basketteurs du BBC ont marqué 32 points, ceux du PBC 29.
Pendant la seconde période, les joueurs du BBC ont ajouté 20 points à leur score, ceux du PBC 30.

1. Quelle équipe a gagné ? [ ]

2. De combien de points a-t-elle gagné ? [ ]

Ce que je dois retenir…

- [ ] Je dois être capable de repérer les arêtes, les faces et les sommets des solides.
- [ ] Je dois reconnaître le cube, le cylindre, la sphère, le pavé, la pyramide et le cône.

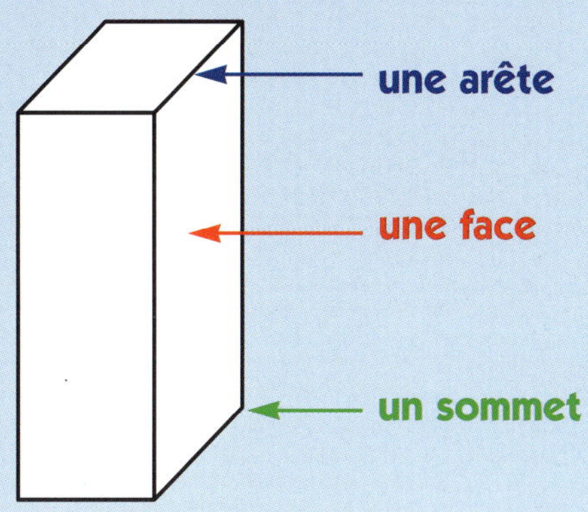

Évaluation 2

1 • Complète la table d'addition.

+	4	5	10	7	.....	.....	.....	6
2						13		
3					4			
9								
6							6	
.....				15				14

2 • À l'aide de la règle, relie Aa, Bb, Cc…

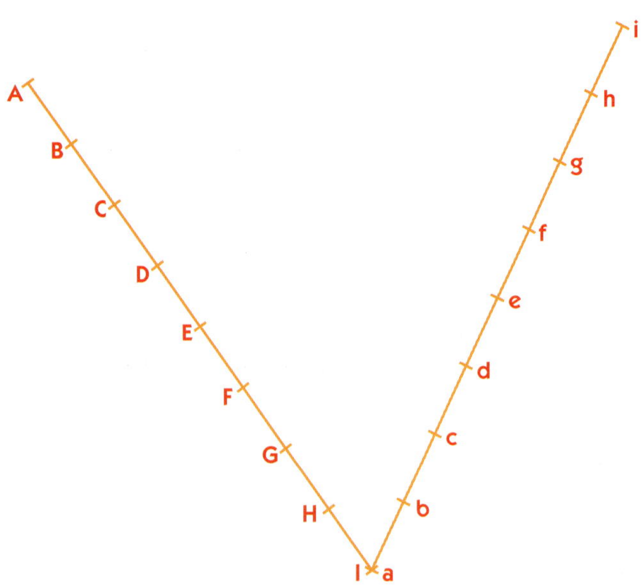

3 • Complète le tableau.

75	soixante-quinze	70 + 5
	quatre-vingt-treize	
		60 + 8
71		
		80 + 4
99		
	quatre-vingt-sept	

• Puis range les nombres du plus grand au plus petit.

...... > ...... > ...... > ...... > ...... > ...... > ......

4 • Écris le signe qui convient : <; > ou =.

75 ...... 70 + 5

40 + 9 ...... 90 + 4

80 + 6 ...... 90 + 6

60 + 18 ...... 70 + 9

60 + 3 ...... 50 + 13

80 + 16 ...... 15 + 80

5

• Complète les tableaux.

a 5

47	
	35
29	
76	
	69
	82
67	

a ... (a 4, a 3)

6		
24		
15		
59		
47		
38		
89		

a ...

16	27	49	53	72	2	85	91
	33						97

7

• Pose en colonnes et calcule.

36 + 57 =

6 + 33 =

6

• Complète avec l'unité qui convient : **m** ; **cm** ; **mm**.

La tour Eiffel mesure 320 ...... de hauteur.

La puce a une taille de 1 ....

Le stylo de Max mesure 11 ....

Marie-José Pérec a battu le record du 200 ....

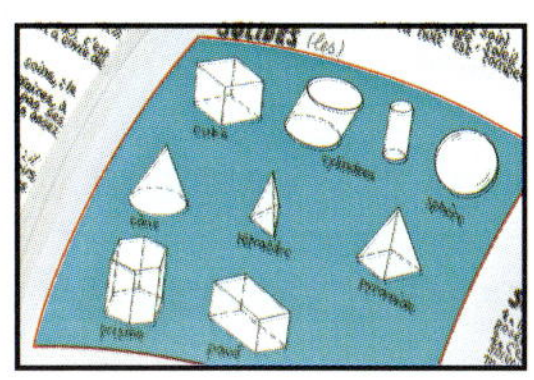

8

• Complète le tableau.

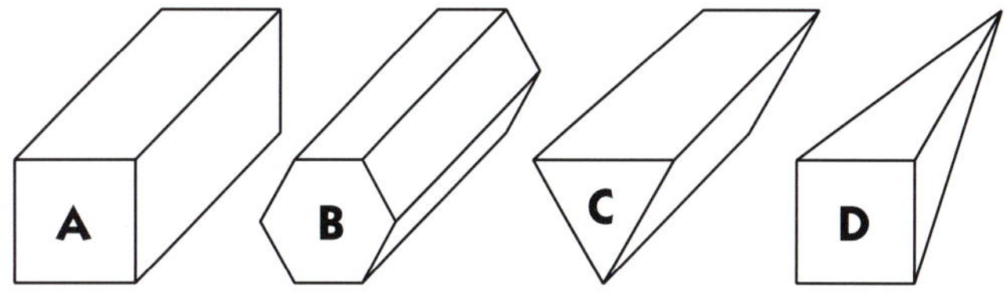

Solide	Nombre de sommets	Nombre d'arêtes	Nombre de faces
A			
B			
C			
D			

Ce que je vais apprendre...

- Écrire 100 de différentes manières.
- Dénombrer des collections avec des groupements par centaines.
- Positionner les chiffres : c d u

Le nombre 100 et groupements par 100

◆ Les écoles du canton sont invitées au cinéma. Tu aides à placer tous ces élèves.

Si on réserve 20 places pour une classe, combien de classes peut-on installer dans les fauteuils blancs du milieu ? [ ]

Pour le savoir, colorie en bleu 20 places pour une classe, puis en rouge 20 places pour une autre classe et ainsi de suite, en changeant de couleur à chaque groupement de 20 places.

Combien de places comptes-tu dans chaque rangée, toujours dans ce pavé du milieu [ ] ?

Combien de rangées y comptes-tu ? [ ] Ce pavé du milieu contient [ ] places.

Ce que je sais déjà faire

■ Complète.

90 + ...
30 + 10 + ...
40 + 30 + ...
100
60 + ...
50 + ...
20 + ...

■ Complète les égalités et le tableau.

	c	d	u
400 = 4 c = 40 d	4	0	0
580 = 5 c + 8 d = 58 d = 580 u			
856 = 8 .... + 5 .... + 6 .... = 85	8	5	6
76 d + 5 u = ... u = ... c + ... d + ... u			

■ Complète.

92 – ( ) – ( ) – ( ) – 96 – ( ) – ( ) – ( ) – ( ) – ( ) – 102 – ( )

POUR PROGRESSER

MON DÉFI

Le nombre 100 et groupements par 100

Je m'entraîne avec aide

1 • Colorie de la même couleur les étiquettes représentant le même nombre. Pour cela, utilise le tableau (un chiffre par colonne).

c	d	u

53 dizaines | 30 dizaines | 300 unités | 3 centaines | 5 centaines 3 dizaines

POUR M'AIDER

c = centaine ; d = dizaine ; u = unité

100 = 1c = 10d = 100u
300 = 3c = 30d = 300u
350 = 3c + 5d = 35d = 350u
900 = 9c = 90d = 900u
956 = 9c + 56u = 95d + 6u

Dans le tableau : 1 chiffre par colonne ! Mais je peux lire ensemble plusieurs chiffres à gauche du nom de la colonne :

c	d	u
9	5	6

95d + 6u ou 9c + 56u

2 • Complète. On te donne un exemple.

40 + 60 = 1 c = 10 d

55 + 45 = ... = 1 c + 0 d + 0 u

75 + 25 = ... = ... d

84 + ... = 10 d

100 + 300 = ... = ... c + ... d + ... u

Je m'entraîne sans aide

3 • Colorie de la même couleur les étiquettes représentant le même nombre. Complète le tableau avec ces nombres.

2 centaines | 34 dizaines | 3 centaines 4 dizaines | 4 centaines 3 dizaines | 43 dizaines | 20 dizaines

c	d	u

4 • Complète.

100

- **80 + ...**
- **15 + ...**
- **91 + ...**
- **55 + ...**
- **..... + 10**
- **20 + 40 + ...**
- **35 + ...**

5 • Colorie les cases pour représenter le nombre indiqué dans le tableau.

c	d	u
3	4	0

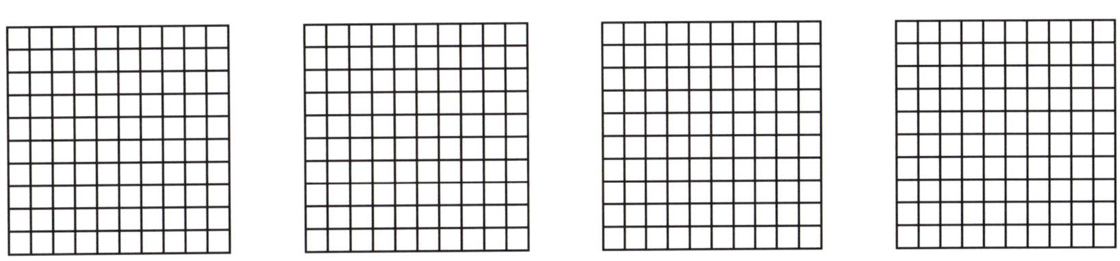

Le nombre 100 et groupements par 100

Je vais plus loin

6 • Mets chaque nombre dans le tableau.

20 dizaines | 346

2 centaines 4 unités

44 dizaines 5 unités

5 centaines | 800

c	d	u

7 • Compte de 5 en 5, de 85 à 135.

85 90 ....

• Compte de 3 en 3, de 73 à 118.

73 76 ....
....

• Compte de 10 en 10, de 142 à 222.

142 152 ....

8 • Colorie les cases pour représenter le nombre indiqué dans le tableau.

c	d	u
3	0	7

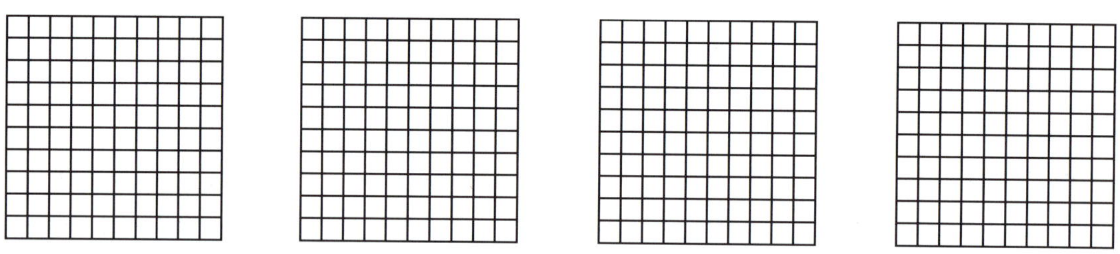

Pas de problème !

Magali a cassé sa tirelire pour faire un cadeau d'anniversaire à sa grande sœur. Elle trouve 1 billet de 100 F, 4 pièces de 10 F, 1 pièce de 5 F et 3 pièces de 1 F.
Combien possède-t-elle ?
Peut-elle acheter une cassette vidéo qui coûte 125 F ?

100 + 40 + 5 + 3 = 148 et 148 > 125

Recopie, parmi les 4 phrases, celle qui te paraît le mieux convenir pour la réponse à ce problème.

❶ Magali possède 148F et peut donc acheter une cassette qui coûte 125 F.
❷ Magali a assez d'argent.
❸ C'est trop cher.
❹ Elle n'a pas 125 F.

Ce que je dois retenir…

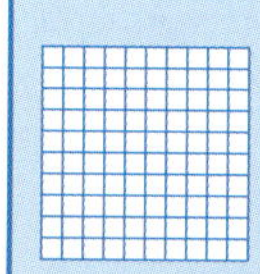

100 = 1 centaine = 10 dizaines = 100 unités

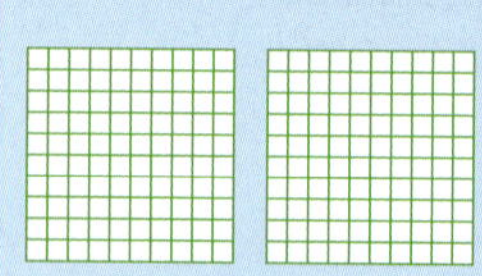

200 = 2 centaines = 20 dizaines = 200 unités

c	d	u
1	3	7

137 = 1 c + 3 d + 7 u = 13 d + 7 u

Ce que je vais apprendre…

- Écrire un nombre en chiffres, en lettres.
- Positionner les chiffres : c d u

0 à 200 : écritures et désignations

Depuis de longs siècles déjà, les hommes comptent en groupant par dizaines, centaines…
Dans l'Égypte antique, chaque groupement avait un signe et peu importait la position de ce signe.

C → 100 → 𓍢 D → 10 → ∩ U → 1 → |

<u>Exemple</u> : 123 = 𓍢∩∩||| ou ∩∩𓍢||| ou |||𓍢∩∩

- Combien ce paysan a-t-il : de chevaux ? ______ de bœufs ? ______

  Donne ta réponse en chiffres et en lettres.
- Indique le nombre de moutons dans le dessin.
- Indique aussi que le paysan avait 184 poules et 157 lapins.

Ce que je sais déjà faire

■ Complète.

			c	d	u
136	cent trente-six	100 + 30 + 6	1	3	6
	cent quarante				
		100 + 10 + 7			
			1	0	9
357					

POUR PROGRESSER

MON DÉFI

0 à 200 : écritures et désignations

Je m'entraîne avec aide

1 • Écris le nombre en chiffres, puis en lettres.

1 c + 5 d + 5 u = 155 = cent cinquante-cinq

1 c + 8 d + 3 u = ... **=** ....

1 c + 6 d = ... **=** ....

4 d + 6 u = ... **=** ....

POUR M'AIDER

135
cent trente-cinq
100 + 30 + 5
1 c + 3 d + 5 u

2 • Décompose le nombre, puis écris en chiffres.

cent cinquante-trois = 1 c + 5 d + 3 u = ...

cent vingt-cinq = ... **c +** ..... **d +** ..... **u =** .....

cent soixante-dix = ... **c +** ..... **d +** ..... **u =** .....

cent huit = ... **c +** ..... **d +** ..... **u =** .....

3 • Complète.

100 + 20 + 6 = ...

100 + 60 = ...

100 + 80 + 7 = ...

100 + 50 + 3 = ...

165 = ... **+** ..... **+** .....

132 = ... **+** ..... **+** .....

140 = ...

190 = ...

Je m'entraîne sans aide

4 • Écris le nombre en chiffres, puis en écriture additive.

1 c + 5 d + 5 u = ... **= 100 + 50 + 5**

1 c + 8 d + 3 u = ... **= 100 +** ..... **+ 3**

1 c + 7 u = ... **=** ..... **+** .....

4 d + 6 u = ... **=** ..... **+** .....

5 • Écris en lettres :

146 : ....

180 : ....

108 : ....

145 : ....

154 : ....

6 • Complète.

192
- **100 + 80 +** .....
- **100 +** .....
- **190 +** .....
- **100 + 90 +** .....

171
- **100 + 60 +** .....
- **170 +** .....
- **100 +** .....
- **100 + 70 +** .....

7 • Écris en chiffres :

cent trente-neuf : ....

cent quatre-vingt-treize : ....

cent sept : ....

cent soixante-dix : ....

cent quatre-vingt-dix-neuf : ....

0 à 200 : écritures et désignations

Je vais plus loin

8 • Décompose le nombre, puis écris en chiffres.

cent cinquante-trois = ... c + ... d + ... u = ...

cent vingt-deux = ... c + ... d + ... u = ...

cent soixante-dix = ... c + ... d + ... u = ...

cent huit = ... c + ... d + ... u = ...

cent quatre-vingt-dix-sept = ... c + ... d + ... u = ...

cent quarante-quatre = ... c + ... d + ... u = ...

9 • Avec les chiffres 1, 4 et 8, quels nombres ayant 1 centaine peux-tu écrire (tu peux utiliser plusieurs fois le même chiffre) ? Écris-les aussi en lettres.

..... : ....

..... : ....

..... : ....

..... : ....

..... : ....

10 • Écris les nombres en chiffres, puis en lettres, puis en écriture additive.

1 c + 6 d + 7 u = ... : .... : **100 + 60 + 7**

4 d + 1 c + 9 u = ... : .... : ....

5 u + 5 d + 1 c = ... : .... : ....

1 c + 7 u = ... : .... : ....

3 u + 1 c = ... : .... : ....

1 c + 2 u + 4 d = ... : .... : ....

Pas de problème !

Une maman achète, pour habiller son enfant, un pantalon à 110 F, un pull à 72 F et des chaussettes à 15 F.
Combien doit-elle payer au total ?

(Pour répondre, tu peux t'aider du moule à calcul et du moule à phrase-réponse. Tu trouveras beaucoup de mots nécessaires dans le texte (et bien orthographiés !)

Moule à calcul :

110 + ... + ... = ...

Moule à phrase-réponse :

L. m.... d... p.... a. t.... ...F.

Ce que je dois retenir...

Dans un nombre, un même chiffre change de valeur suivant sa position.

1 1 1

1c + 1d + 1u

100 + 10 + 1

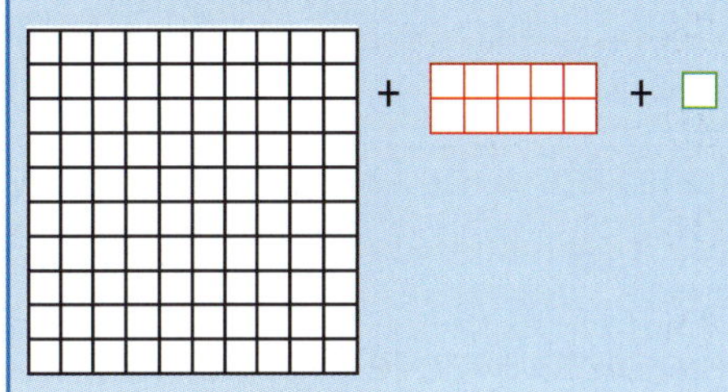

Ce que je vais apprendre…

- Connaître la suite des nombres jusqu'à 200.
- Comparer des nombres.

0 à 200 : ordre et comparaison

- Noémie est une artiste en herbe !
  Pour son activité artistique, elle choisit le chevalet le moins cher, celui qui coûte ________ .
  Il lui faut aussi des couleurs. Quelle boîte est la plus chère, acrylique ou dessin ? ________ parce que ________ > ________ .
- Classe les trois prix de livres du plus cher au moins cher : ________ > ________ > ________
- Il y a une erreur sur le prix de la toile ; le chiffre des dizaines est faux. Corrige-le en sachant que la toile est plus chère que le livre sur la peinture à l'huile.

Ce que je sais déjà faire

- Observe et place les nombres suivants sur la droite numérique :
  113 53 134 98 75 122 103

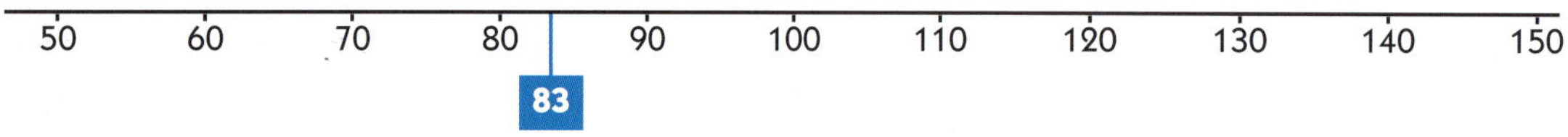

- Complète avec le nombre qui est juste avant et celui qui est juste après.
  ..... **128** .... **145** .... **99** .... **180** .....
- Complète avec le signe qui convient : < ou >.
  195 ..... **64** **149** ..... **150** **126** ..... **162** **200** **187**

POUR PROGRESSER

MON DÉFI

0 à 200 : ordre et comparaison

Je m'entraîne avec aide

1 • Dans chaque série, colorie la case contenant le nombre le plus grand.

147	120	150

182	128	175	119

143	147	75	109	129

109	93	105

87	136	10	113

167	200	197

2 • Complète avec le nombre qui est juste avant et celui qui est juste après.

..... **136** .... **99** .....

..... **160** .... **140** .....

..... **198** .... **199** .....

..... **100** .... **170** .....

3 • Range les nombres du plus grand au plus petit.

134 123 143 96 158 69 185

.... > .... > .... > .... > .... > .... > .... >

POUR M'AIDER

100	101	102	103	104	105	106	107	108	109
110	111	112	113	114	115	116	117	118	119
120	121	122	123	124	125	126	127	128	129
130	131	132	133	134	135	136	137	138	139
140	141	142	143	144	145	146	147	148	149
150	151	152	153	154	155	156	157	158	159
160	161	162	163	164	165	166	167	168	169
170	171	172	173	174	175	176	177	178	179
180	181	182	183	184	185	186	187	188	189
190	191	192	193	194	195	196	197	198	199

Je m'entraîne sans aide

4 • Complète avec le signe qui convient : <, > ou =.

47 .... **138**   **100 + 80 + 7** **191**

191 .... **190**   **100 + 70** **182**

97 .... **100**   **100 + 40** **140**

145 .... **154**   **100 + 100** **120**

199 .... **109**   **100 + 70 + 11** **171**

5 • Utilise ces trois chiffres pour construire deux nombres inférieurs à 200 et qui se placent dans cette inégalité :

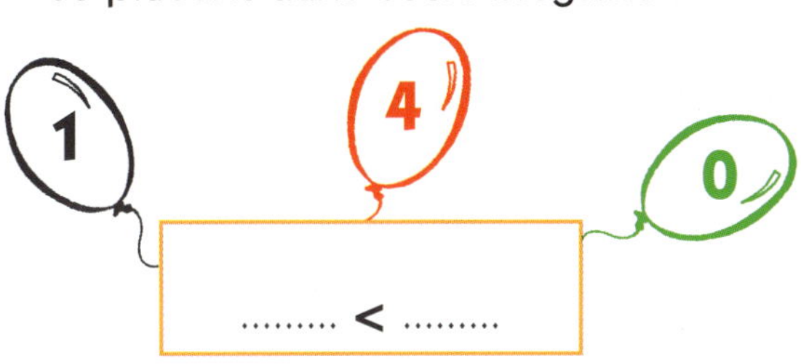

6 • Observe chaque suite et continue.

112 122 132 ....

70 75 80 ....
....

107 112 ....

7 • Complète le tableau.

Nombre terminé par 0 juste avant	Nombre juste avant	Nombre	Nombre juste après	Nombre terminé par 0 juste après
140	146	147	148	150
		186		
		109		
		152		
		98		

0 à 200 : ordre et comparaison

Je vais plus loin

8 • Complète avec le signe qui convient :
<, > ou =.

100 + 9 .... **100 + 90**

100 + 71 .... **100 + 60 + 11**

100 + 100 .... **150 + 50**

7 + 100 + 80 .... **100 + 87**

70 + 4 + 100 .... **14 + 50 + 100**

100 + 9 .... **50 + 59**

9 • Observe chaque suite et continue.

89 94 ....

....

187 177 167 ....

....

10 • Complète avec un nombre qui convient.

136 < .... **< 151**

145 < .... **< 148**

190 < .... **< 193**

100 > .... **> 95**

100 + 50 < .... **< 100 + 60**

100 + 80 < .... **< 100 + 82**

112 > .... **> 100 + 9**

100 + 30 + 7 < .... **< 100 + 40**

11 • Complète.

Nombre terminé par 0 juste avant	Nombre juste avant	Nombre	Nombre juste après	Nombre terminé par 0 juste après
		164		
		149		
		92		
		107		
		119		
		150		
		100		

Pas de problème !

Paul joue aux fléchettes. Il a marqué 33 points. Si on sait qu'il avait pour cela 6 fléchettes, propose les points possibles. Par exemple, il aurait pu réaliser : **10 + 5 + 5 + 2 + 1 + 10 = 33**

ou bien : ..... **+** ..... **+** ..... **+** ..... **+** ..... **+** ..... **=** .....

ou bien : ..... **+** ..... **+** ..... **+** ..... **+** ..... **+** ..... **=** .....

ou bien : ..... **+** ..... **+** ..... **+** ..... **+** ..... **+** ..... **=** .....

Ce que je dois retenir...

A 45 > 38
car 4 > 3

B 28 > 24
car 8 > 4

Pour comparer des nombres de 2 chiffres, je regarde d'abord le chiffre des dizaines :

• Si comme en A, 4 > 3, alors 45 > 38

• Si comme en B, les dizaines sont les mêmes, je regarde le chiffre des unités :
8 > 4, alors 28 > 24

Fiche 3

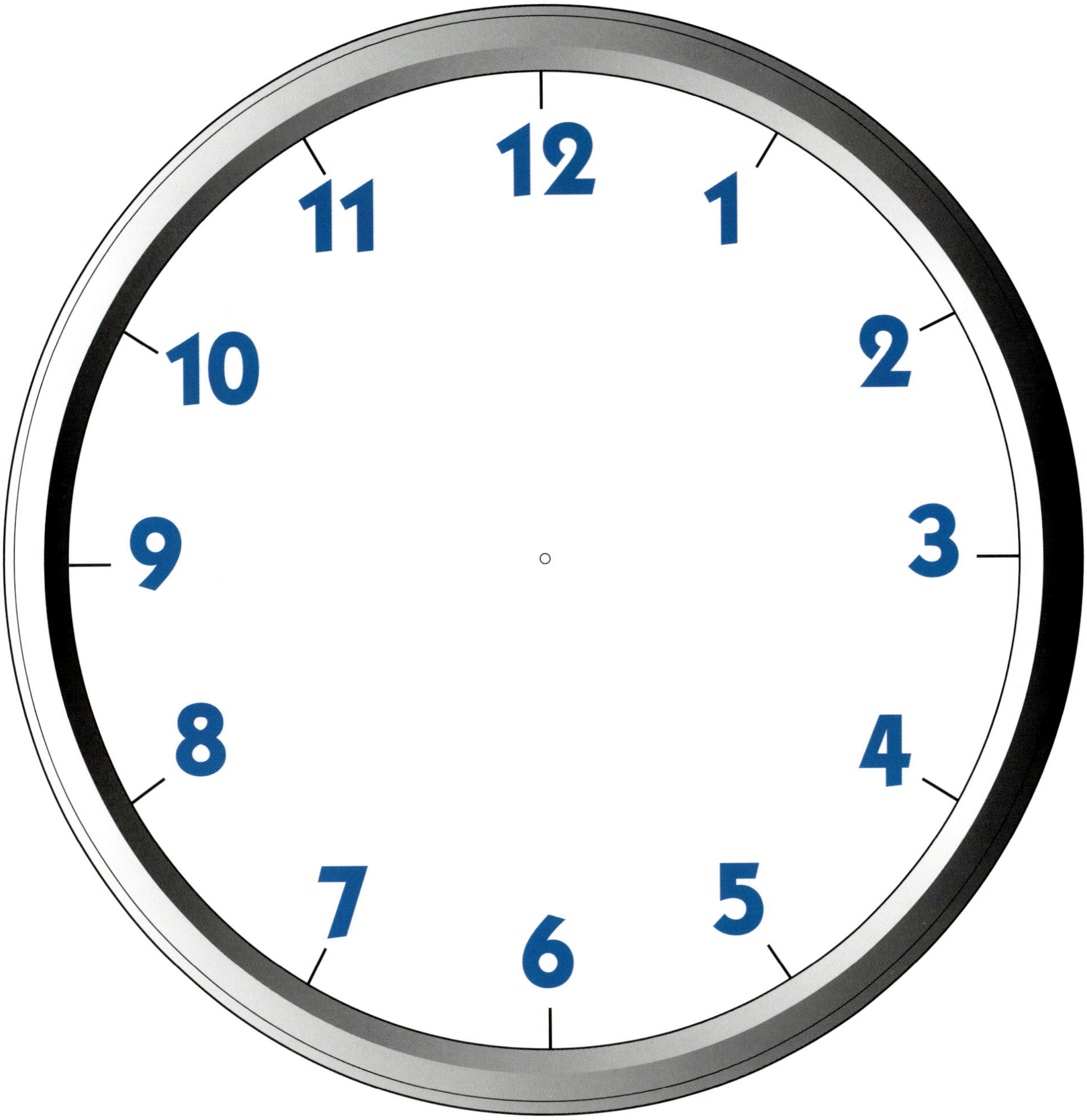

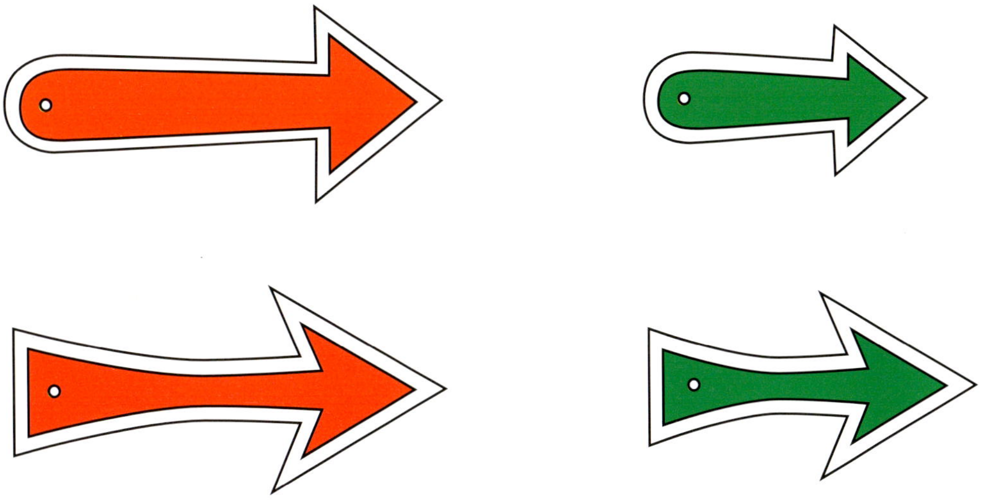

Fiche 4

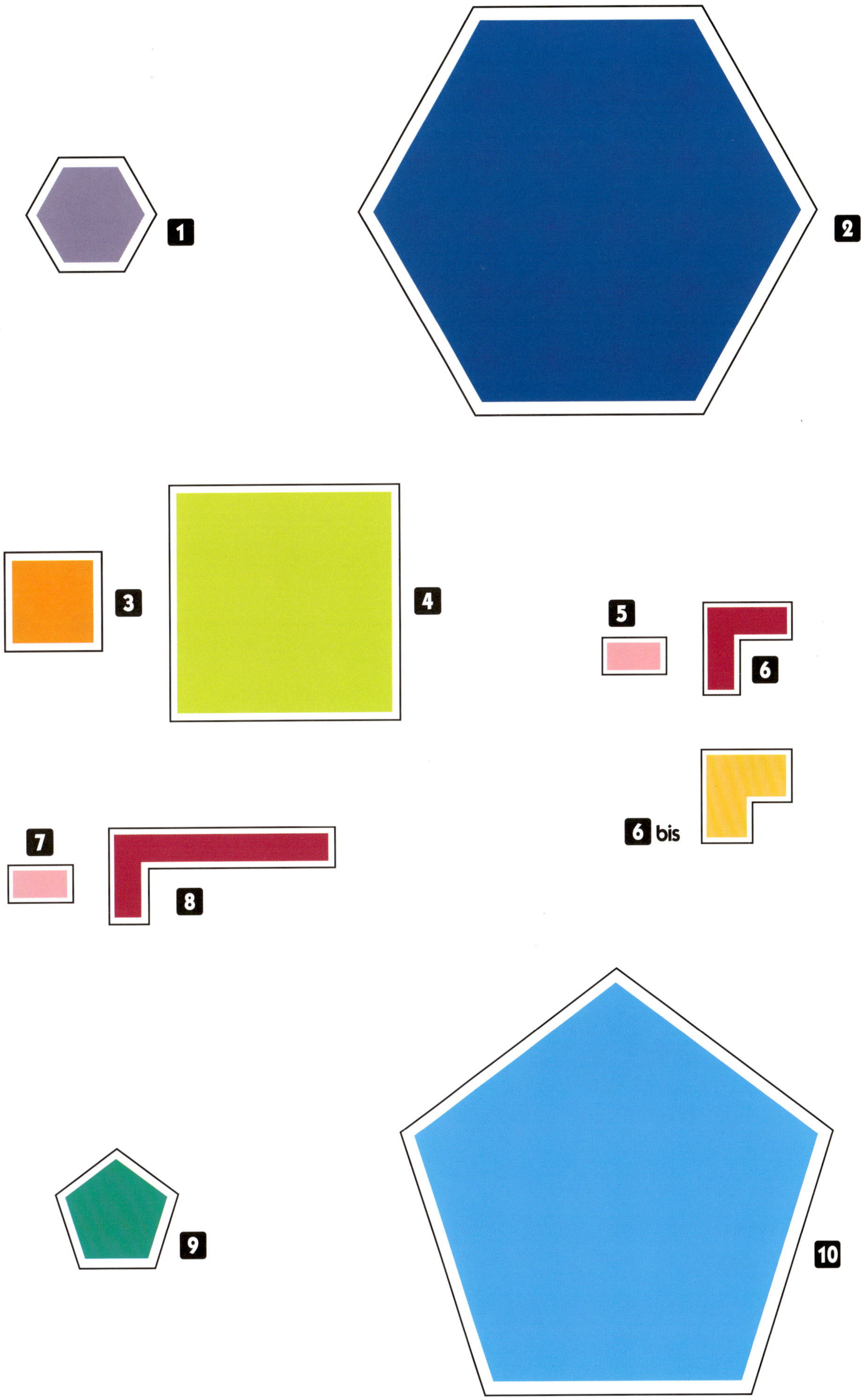

Ce que je vais apprendre...

- Réaliser le patron d'un cube, d'un pavé.
- Construire un cube et un pavé à partir des patrons.

Les solides : patrons et constructions

Observe les paquets-cadeaux qu'apportent les amis d'Étienne : ils ont des formes géométriques, en volume, ce sont des solides.

- Quel est le nom de la forme que porte Jean ? C'est un ________.
- Combien le cube a-t-il de faces ? ________

  Quelle est la forme de chaque face du cube ? ________
- Catia porte une ________. Colorie en rouge un cylindre.
- Qui porte un paquet dont la forme est celle des tombeaux des pharaons d'Égypte et qu'on appelle pyramide ? ________

Ce que je sais déjà faire

- Relie chaque volume à son patron :

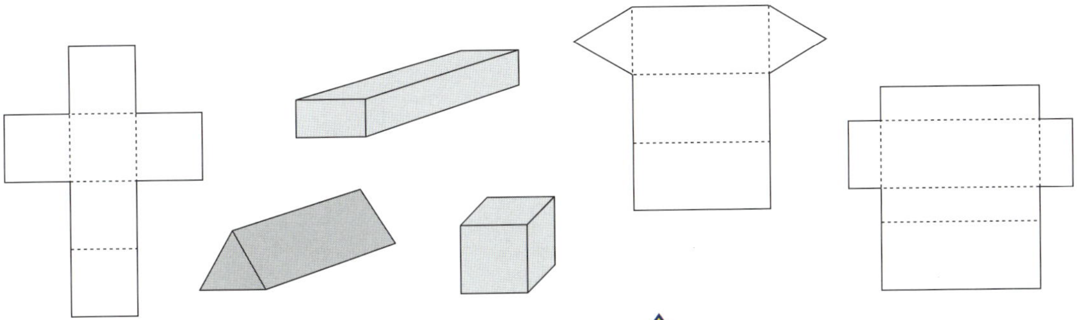

POUR PROGRESSER

MON DÉFI

Les solides : patrons et constructions

Je m'entraîne avec aide

1 • Reproduis à l'aide d'un papier-calque, puis découpe les patrons et construis les solides.

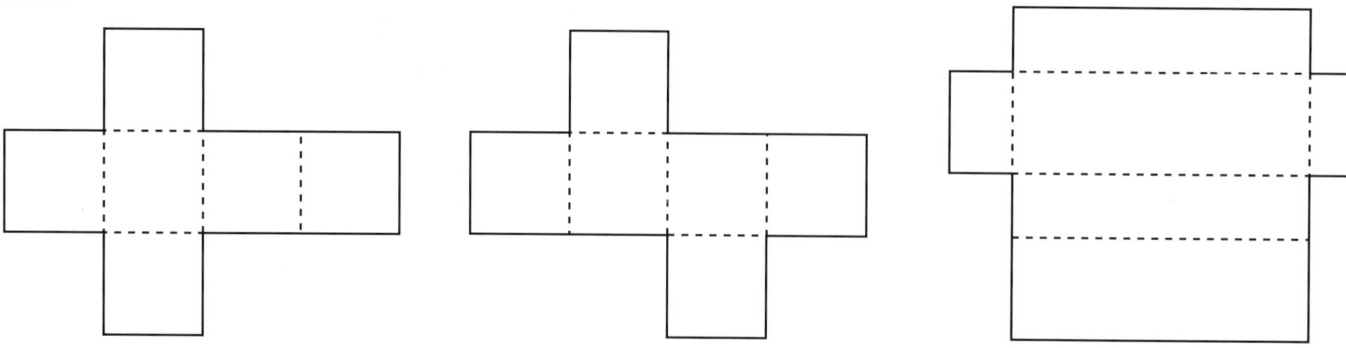

POUR M'AIDER

Je m'entraîne sans aide

2 • Reproduis à l'aide d'un papier-calque, puis découpe et assemble.
Quel patron te permet d'obtenir :
– un cube ? .... – un pavé ? ....

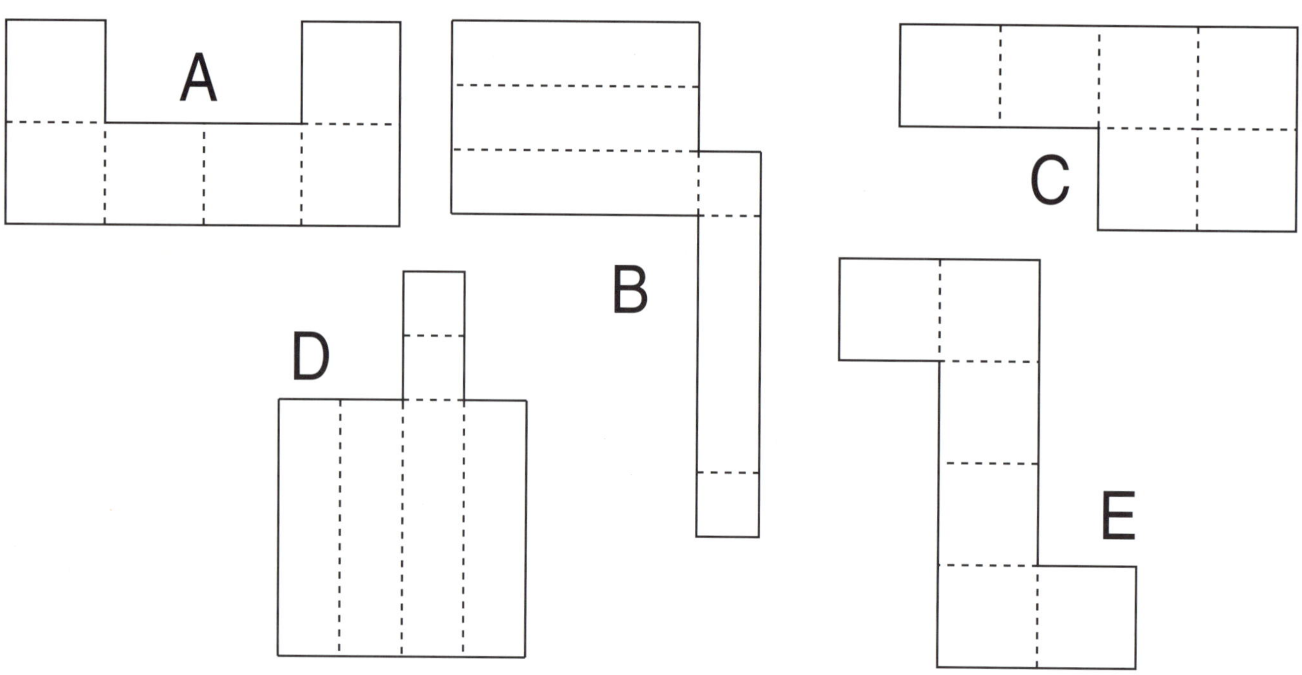

Les solides : patrons et constructions

Je vais plus loin

3 • Trace deux autres patrons du cube.

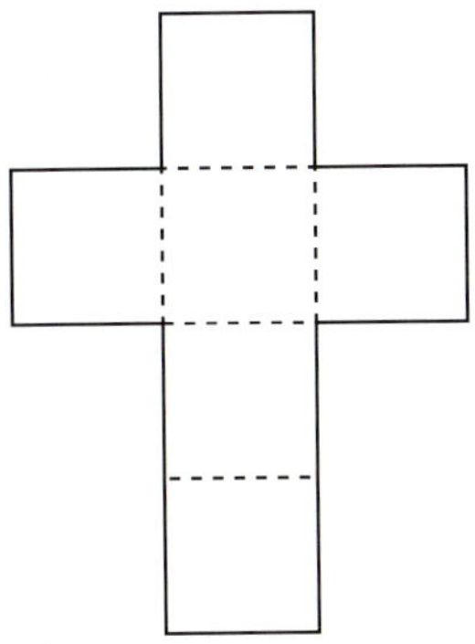

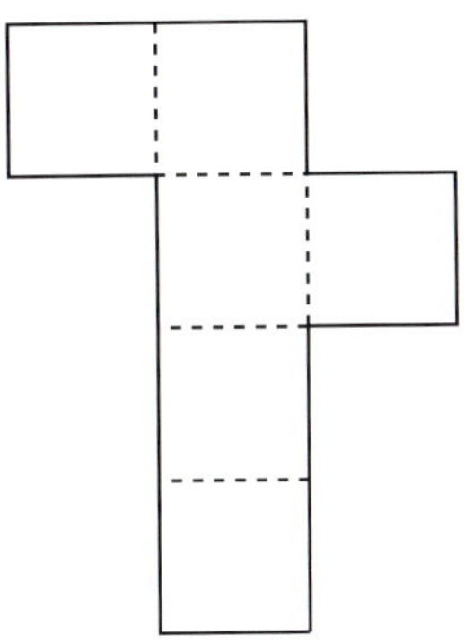

4 • Peux-tu construire un pavé avec ce patron ?

☐ oui ☐ non

Contrôle ta réponse en décalquant, découpant et construisant.

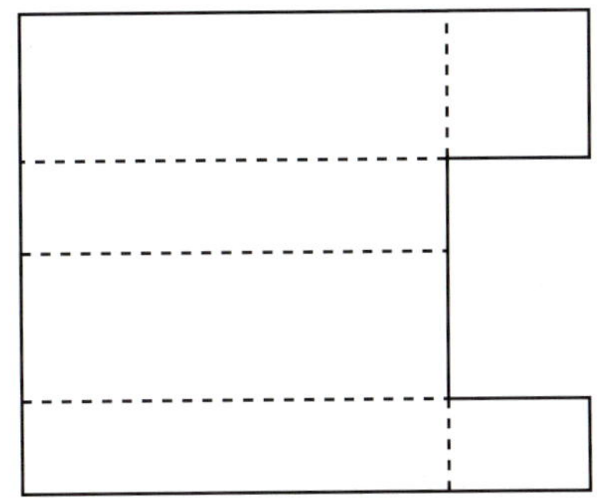

5 • Décalque, découpe, construis et dis ce que tu obtiens.

....

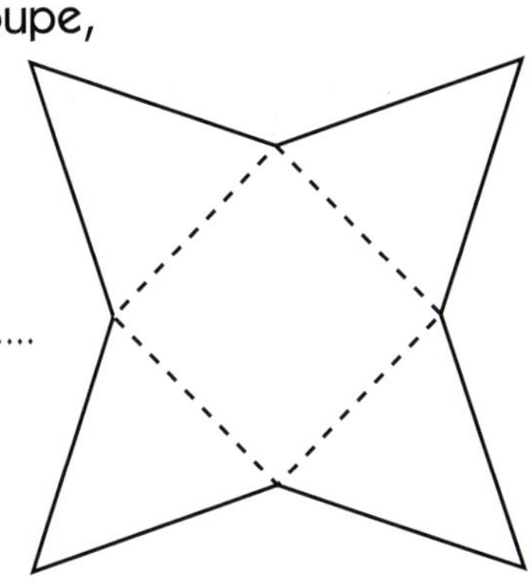

Pas de problème !

Dans un dé, deux faces opposées font un total de 7.

• Voici un dé :

• Colorie en bleu les faces qui touchent la face 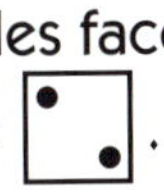.

• Finis de placer les points sur le patron de ce dé :

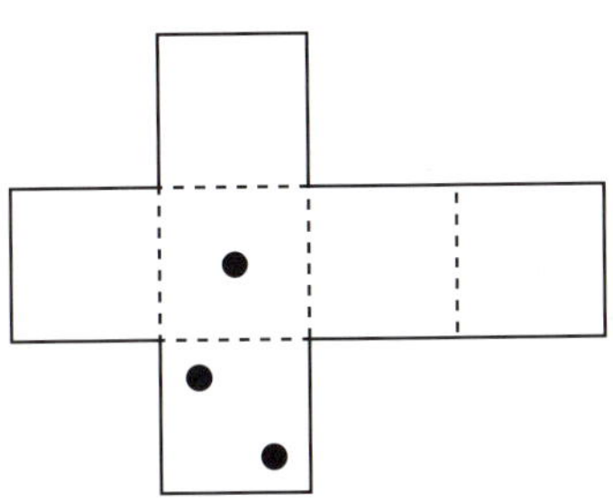

• Colorie en rouge les faces qui touchent la face .

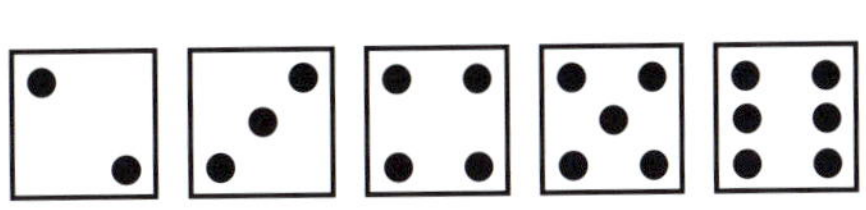

Ce que je dois retenir...

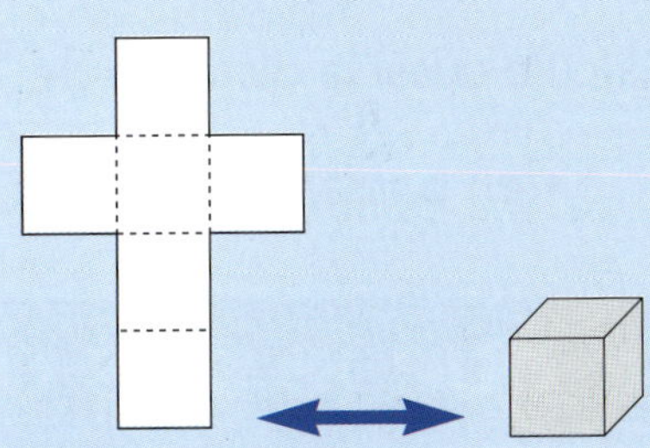

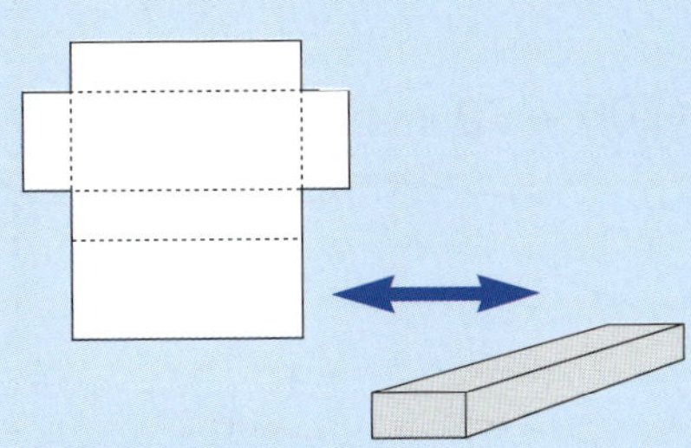

Ce que je vais apprendre...

- Effectuer une addition en utilisant des parenthèses ou des arbres à calcul.
- Poser et compter une addition en colonnes.

Technique opératoire de l'addition

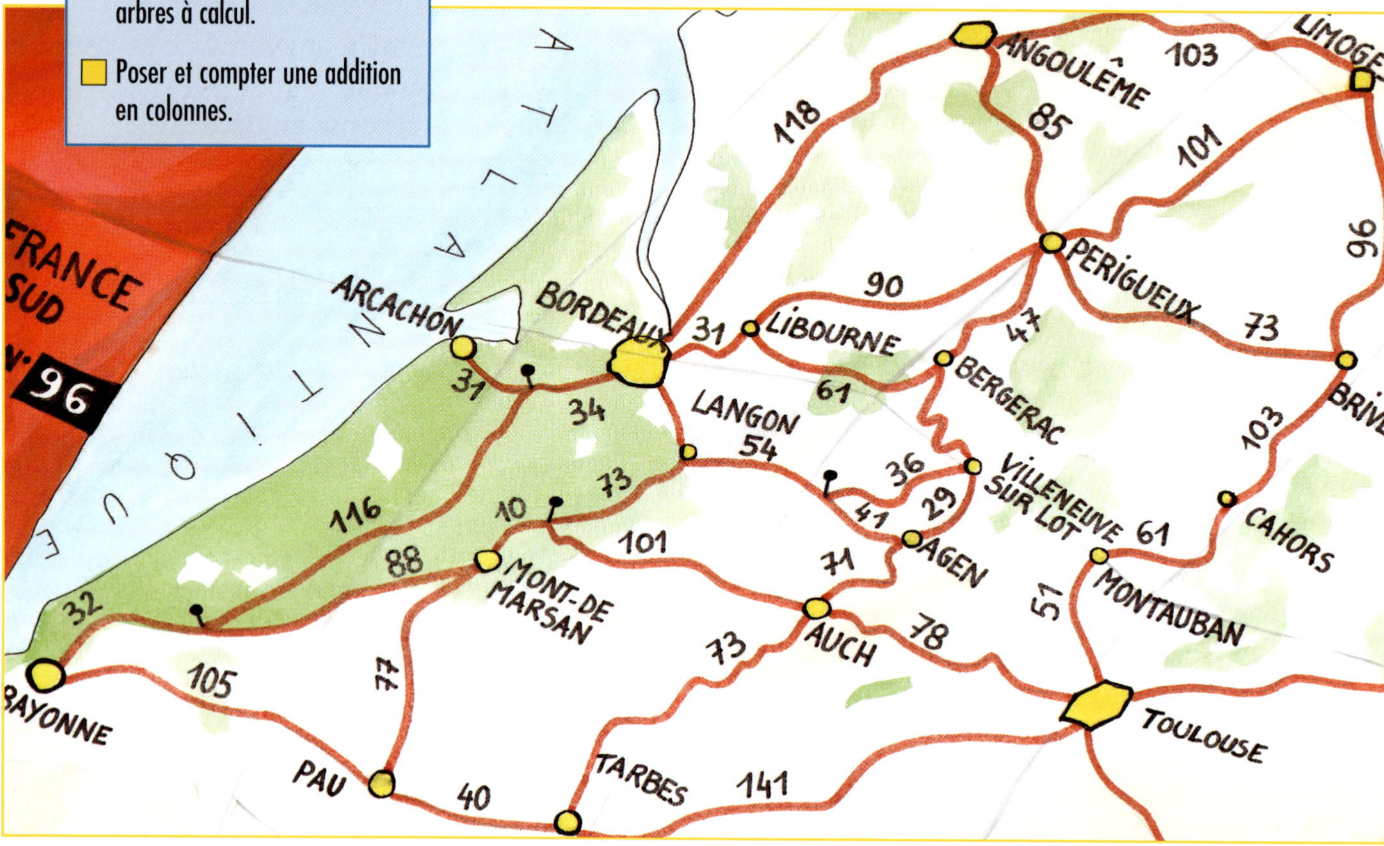

Éric se rend en voiture avec ses parents de Bordeaux à Limoges chez sa tante. Son papa lui demande si le trajet est plus court par Angoulême ou par Périgueux.

◆ Effectue ces deux calculs sur ton cahier de brouillon et utilise ensuite les signes > ou <.

118 + 103 ..... 31 + 90 + 101

– Il est plus court de passer par ______________.

◆ Calcule aussi la distance de Toulouse à Bayonne :

• en passant par Auch : ______________ • en passant par Tarbes : ______________

Ce que je sais déjà faire

■ Calcule 274 + 253.

(200 + 70 + 4) + (.... + ... + ...)

.... + ... + ...

.... + ... + ... + ...

.... + ... + ... = ...

■ Pose et calcule :

345 + 271 = ...

194 + 209 = ...

```
   .... .... ....        .... .... ....
+  .... .... ....     +  .... .... ....
   --------------        --------------
   .... .... ....        .... .... ....
```

POUR PROGRESSER

MON DÉFI

Technique opératoire de l'addition

Je m'entraîne avec aide

1 **243 + 182 =** .....

1- J'additionne les unités : ..... + ... = ...

```
  2 4 3
+ 1 8 2
      .
```

Je pose ..... unités

2- J'additionne les dizaines : ..... + ... = ...

Je retiens ..... centaine

```
 ○
  2 4 3
+ 1 8 2
    .
```

Je pose ..... dizaines

3- J'additionne les centaines : ○ + ... + ... = ...

```
  ○
  2 4 3
+ 1 8 2
  .
```

Je pose ..... centaines

```
 ○
  2 4 3
+ 1 8 2
```

....

2 • Calcule : **243 + 182 =** .....

243 = 200 + 40 + 3   182 = 100 + 80 + 2

(200 + 40 + 3) + (100 + 80 + 2)

..... + ... + ...

..... + ... + ... + ...

..... + ... + ... = ...

POUR M'AIDER

Une addition se compte toujours en commençant par les unités.

Je m'entraîne sans aide

3 • Je calcule.

```
   ○            ○ ○            ○
   2 5 4        1 9 3          1 9 4
 + 1 9 3      + 2 5 8      +     9 5
 ---------    ---------    ----------
 ..... ..... .....   ..... ..... .....   ..... ..... .....
```

4 • Pose et calcule.

298 + 153 = ...   149 + 195 = ...

```
  ..... ..... .....       ..... ..... .....
+ ..... ..... .....     + ..... ..... .....
  ..... ..... .....       ..... ..... .....
```

5 • Calcule à l'aide de la décomposition et de l'arbre.

256 + 287

(..... + ... + ...) + (..... + ... + ...)

..... + ... + ...

256 + 287 = ...

Technique opératoire de l'addition

Je vais plus loin

6 • Calcule.

```
   2   8   7
+  1   1   9
-------------
 .....  .....  .....
```

```
   3   5   4
+  2   8   7
-------------
 .....  .....  .....
```

7 • Pose et calcule.

306 + 97 + 9

```
   .....  .....  .....
   .....  .....  .....
+  .....  .....  .....
----------------------
   .....  .....  .....
```

8 + 297 + 59

```
   .....  .....  .....
   .....  .....  .....
+  .....  .....  .....
----------------------
   .....  .....  .....
```

8 • Décompose et additionne avec un arbre à calcul.

486 + 267

(..... + ... + ...) + (..... + ... + ...)

486 + 267 = ...

Pas de problème !

Tu sais maintenant qu'un problème est fait de quatre parties :

❶ une source d'informations ou un texte-énoncé ;
❷ une question ;
❸ une opération ;
❹ une phrase réponse.

– Complète ce problème en rédigeant l'énoncé ❶ et la question ❷ :

❶ ....

....

....

❷ ....?

❸ 141 + 51 = 192

❹ La distance entre Tarbes et Montauban en passant par Toulouse est de 192 km.

Ce que je dois retenir…

Pour additionner les nombres de trois chiffres, je dois additionner d'abord les unités, puis les dizaines, puis les centaines.

Pour cela, j'aligne les chiffres en colonnes.
Je retiens une dizaine si j'ai plus de dix unités, deux dizaines si j'ai plus de vingt unités ;
je retiens une centaine si j'ai plus de dix dizaines.

46 + 185 = 231

```
    c   d   u
   (1) (1)
        4   6
+   1   8   5
-------------
    2   3   1
```

Masses : comparaisons et mesure

Ce que je vais apprendre...

- Nommer les différentes unités de mesure de masse utilisées dans la vie courante : la tonne (t), le kilogramme (kg) et le gramme (g).
- Comparer des masses.
- Mesurer des masses.

◆ Coche les phrases exactes.

- ☐ Le fromage pèse 850 g.
- ☐ La cliente achète moins d'une livre de carottes.
- ☐ La rue est interdite aux véhicules de plus de 3000 kg.
- ☐ À vide, la camionnette du fromager n'a pas le droit de stationner sur cette place.
- ☐ Le fromager peut charger 4 tonnes de marchandises dans sa camionnette.
- ☐ Le marchand de fruits et légumes a dû garer son véhicule de 3250 kg dans une rue avoisinante.

Ce que je sais déjà faire

■ Observe les balances, dessine l'aiguille sur chacune d'elles, puis range les fruits du plus lourd au plus léger :

1- ....

2- ....

3- ....

↓ est plus lourd que ...

■ Écris la masse de chaque objet en grammes :

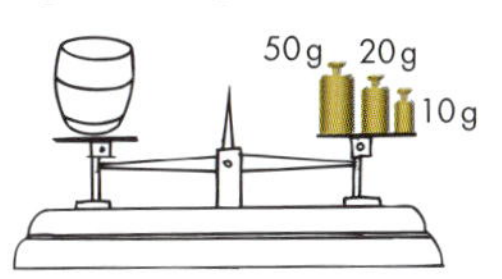

Masse du verre : .....

Masse du ballon : .....

POUR PROGRESSER

☐

☐

☐

MON DÉFI

☐

Masses : comparaisons et mesure

Je m'entraîne avec aide

1 • Indique la masse de ces trois objets.

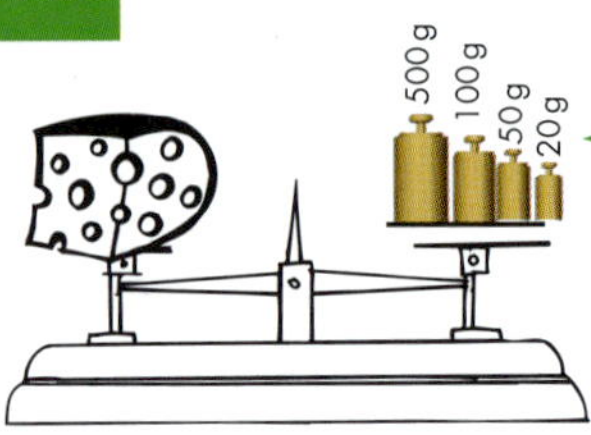

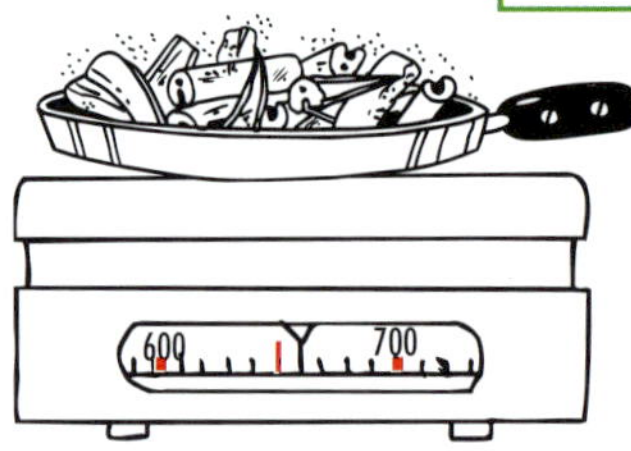

2 • Retrouve la masse de chacun.

1 kg **38 t** **125 g** **3 kg** **15 g**

– Un crayon pèse ______.

– Un litre d'eau a une masse de ______.

– Un pot de yaourt pèse ______.

– Un semi-remorque pèse ______.

– Un bébé à la naissance pèse ______.

POUR M'AIDER

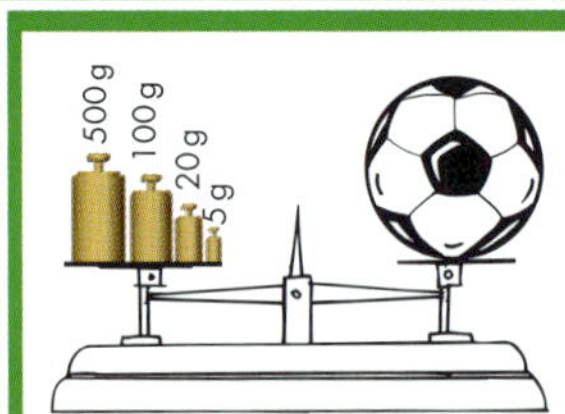

Masse du ballon : 625 g

500 + 100 + 20 + 5 = 625

Un éléphant pèse en moyenne 4 tonnes (t).

Max pèse 31 kg.

Pour préparer la pâte de la tarte aux fruits, je mets 100 g de beurre et 200 g de farine.

Un trombone pèse moins de 10 g.

Je m'entraîne sans aide

3 • Ce sachet contient 190 g de bonbons en vrac. Entoure en rouge les masses qui ont servi à le peser.

4 • Numérote ces objets du plus léger au plus lourd.

Plaque de beurre : 250 g

Cuillère à soupe de farine : 20 g

Radiocassette : 4 kg

Vélo : 14 kg

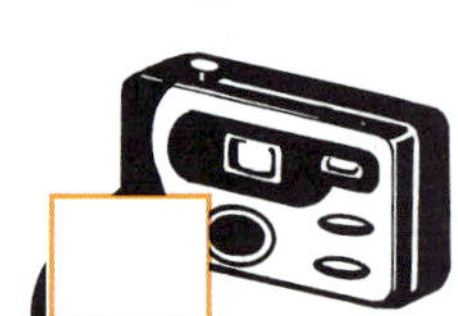

Appareil photo compact : 220 g

Masses : comparaisons et mesure

Je vais plus loin

5 • Observe les balances, puis complète le tableau (regarde l'exemple).

... est moins lourd(e) que le pavé	... est aussi lourd(e) que le pavé	... est plus lourd(e) que le pavé
salade		

6 • Trouve la masse de ces jouets.

	500 g	200 g	100 g	50 g	20 g	10 g	5 g	2 g	1 g	Masse
		1	1		1		1	2	1	
			1	1		1	1		1	
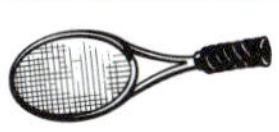	1	2		1		1		1		
	1		1	1	1		1		1	

Pas de problème !

Chaque jour, à l'usine de recyclage, cartons, papiers et plastiques sont triés et pesés avant d'être recyclés. Observe le tableau de début de semaine.

	Papiers	Cartons	Plastiques
Lundi	1 200 kg	1 t	800 kg
Mardi	2 t	850 kg	1 800 kg
Mercredi	3 500 kg	1 250 kg	3 t

Coche les phrases exactes.

- ☐ Lundi, il y avait moins de papiers que de cartons.
- ☐ C'est mercredi qu'il y avait le plus de cartons.
- ☐ Lundi, il y avait 3 000 kg de détritus.
- ☐ Sur les trois premiers jours, ils ont ramassé plus de cartons que de plastiques.

Ce que je dois retenir...

Les unités de masse les plus courantes sont le gramme (g), le kilogramme (kg) et la tonne (t).
1 t = 1 000 kg 1 kg = 1 000 g

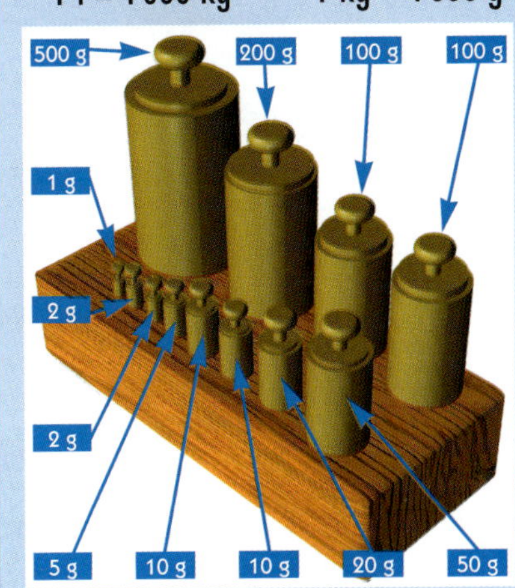

Somme et produit

Ce que je vais apprendre...

- Reconnaître une somme qui peut être écrite sous forme de produit.
- Écrire certaines sommes en produits et des produits en sommes.
- Comparer sommes et produits.

◆ Pour le goûter d'anniversaire de Marie, sa maman a acheté des paquets de gâteaux au chocolat.
– Compte le nombre de gâteaux qu'elles peuvent offrir aux amis de Marie :

..... + ... + ... + ... + ... = ...

On peut remplacer cette écriture par 5 fois 8 qui s'écrit **8 x 5 = 40.**

◆ Qu'est-ce qui peut s'écrire 6 x 4 (4 fois 6) ?

– le nombre de ....

◆ Dessine dans chaque vase 7 fleurs pour décorer la table (ce sera 6 fois 7 fleurs ou 7 x 6 = ...).

Ce que je sais déjà faire

■ Écris le nombre de carreaux :

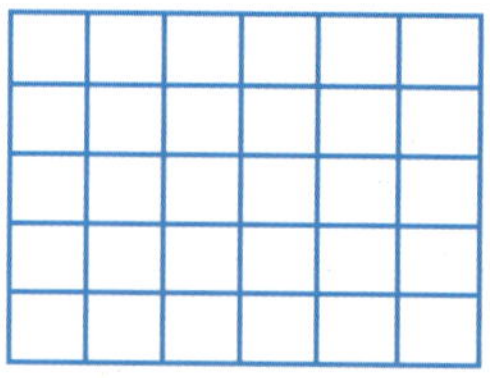

– sous la forme d'une somme : ....

....

– sous la forme de deux produits : ....

....

■ Écris sous la forme d'un produit.

4 + 4 + 4 + 4 + 4 + 4 + 4 = ...

8 + 8 + 8 + 8 + 8 = ...

■ Écris sous la forme d'une somme.

3 x 6 = ...

8 x 2 = ...

POUR PROGRESSER

MON DÉFI

Somme et produit

Je m'entraîne avec aide

1 • Écris le nombre de fenêtres de ces immeubles en utilisant des additions et des multiplications.

Les Charmilles :

4 + 4 + 4 + 4 + 4 + 4 + 4 + 4 = ...

.... **=** ....

Les Tilleuls :

.... **=** ....

.... **=** ....

2 • Groupe ces 12 billes de différentes façons.

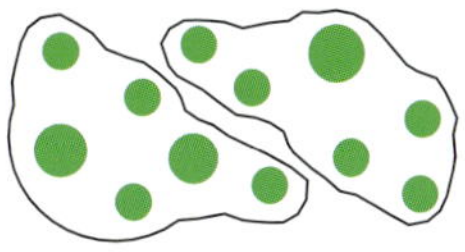

Exemple : 6 + 6 = 6 x 2

....

....

....

POUR M'AIDER

3 colonnes de 4 carreaux = 4 + 4 + 4 = 4 x 3

4 rangées de 3 carreaux = 3 + 3 + 3 + 3 = 3 x 4

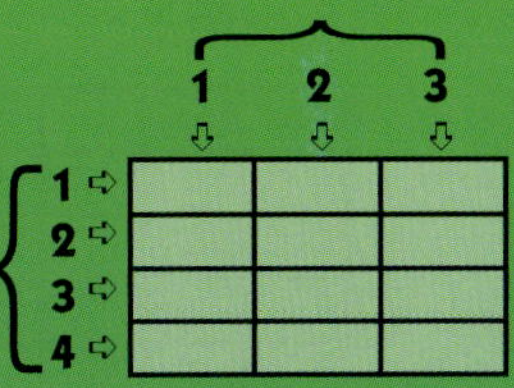

3 x 4 = 4 x 3

Je m'entraîne sans aide

3 • Chaque panier contient 34 pommes.
– Combien de pommes contiennent 5 paniers identiques ? (Utilise les étapes proposées.)

.... + ... + ... + ... + ... = ...

(30 + 30 + 30 + 30 + 30) + (4 + 4 + 4 + 4 + 4) = ...

(.... x ....) + (.... x ....) = ...

150 + 20 = 170

4 • Écris sous la forme d'un produit.

9 + 9 + 9 = ...

3 + 3 + 3 + 3 = ...

20 + 20 + 20 = ...

5 + 5 + 5 + 5 + 5 + 5 = ...

• Écris sous la forme d'une somme.

8 x 3 = ...

9 x 4 = ...

6 x 10 = ...

5 • Complète avec le signe qui convient : <, > ou =.

3 x 5 .... **3 + 5**

6 x 4 .... **4 x 6**

3 + 3 + 3 .... **3 x 3 x 3**

5 + 5 + 5 .... **5 x 4**

Somme et produit

Je vais plus loin

6 • Écris le nombre de carreaux sous forme :

– d'une somme : ....

ou : ....

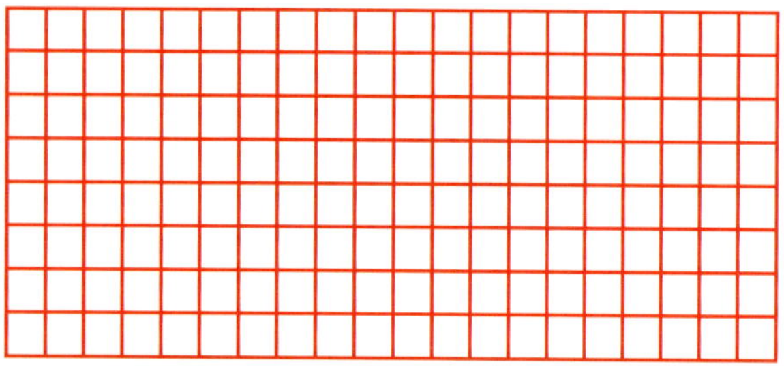

– d'un produit : ..... **x** ..... **ou** ..... **x** .....

– d'une somme : ....

ou : ....

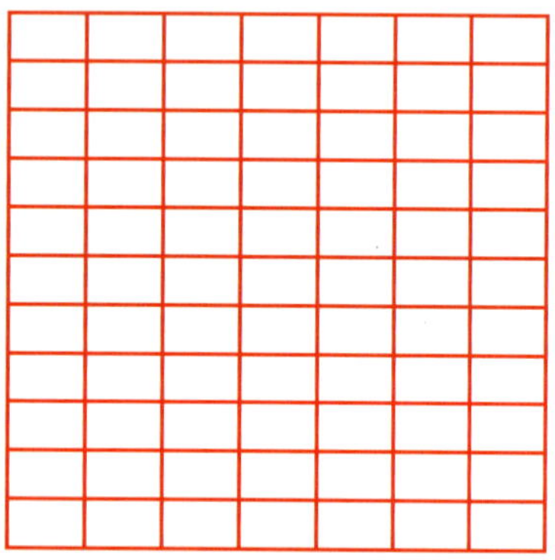

– d'un produit : ..... **x** ..... **ou** ..... **x** .....

7 • Dessine 3 x 7 triangles.

8 • Écris ces sommes sous forme de produits quand c'est possible. Barre les autres.

10 + 10 + 10 + 10 + 10 = ...

10 + 5 = ...

3 + 4 + 5 + 6 + 7 = ...

17 + 17 + 17 + 17 + 17 + 17 + 17 = ...

10 + 10 + 10 + 10 + 10 = ...

9 • Complète avec le signe <, > ou =.

12 x 4	....	**5 x 12**	**3 x 20**	....	**3 + 3 + 3**
8 x 1	....	**9 x 10**	**16 x 2**	....	**9 x 10**
6 x 7	....	**7 + 7**	**19 x 4**	....	**19 + 19 + 19 + 19**
13 x 5	....	**6 x 13**	**18 x 3**	....	**18 x 18 x 18**

Pas de problème !

Maman te dit : « Pour faire cuire un œuf dur, il faut le mettre dans l'eau bouillante et faire bouillir 12 minutes. »

– Combien de temps faudra-t-il pour faire cuire 4 œufs durs ? ....

Ce que je dois retenir…

- Une somme de nombres égaux peut être remplacée par une multiplication (ou produit) :

  6 + 6 + 6 + 6 = 6 x 4 (4 fois 6)

  4 + 4 + 4 + 4 + 4 + 4 = 4 x 6 (6 fois 4)

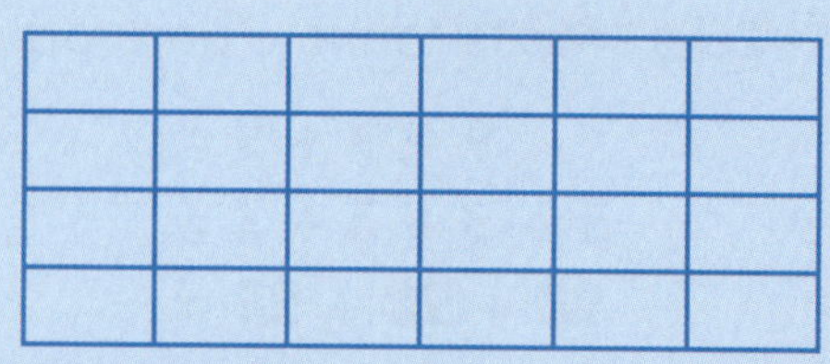

- Si je change l'ordre des nombres dans un produit, le résultat reste le même :

  4 x 6 = 6 x 4 = 24

Ce que je vais apprendre...

- Compter les côtés et les sommets d'un polygone.
- Reproduire un polygone.

Les polygones

◆ Colorie en vert les polygones à trois côtés. Combien en as-tu trouvés ? ☐

Recherche aussi les polygones à 5 côtés et colorie-les en jaune.

Recherche deux polygones qui ont 6 sommets. Combien ont-ils de côtés ? ☐

Colorie-les en rouge.

Il te reste ☐ polygones à 4 sommets. Colorie-les en bleu.

Ce que je sais déjà faire

■ Complète le tableau :

	a	b	c	d	e	f
Nombre de côtés						
Nombre de sommets						

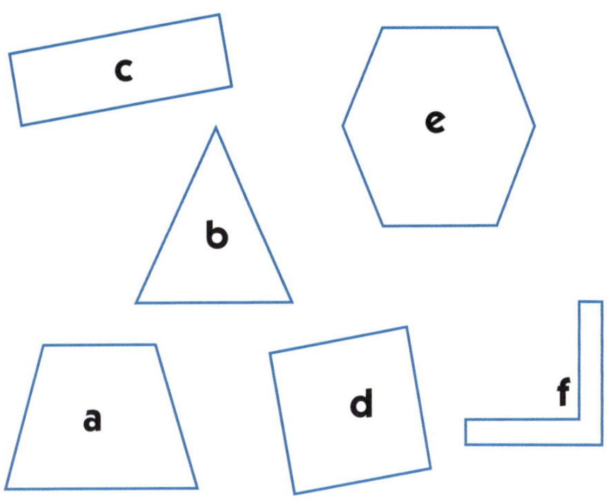

POUR PROGRESSER

MON DÉFI

Les polygones

Je m'entraîne avec aide

1 • Reproduis ces polygones en utilisant les quadrillages et les points.

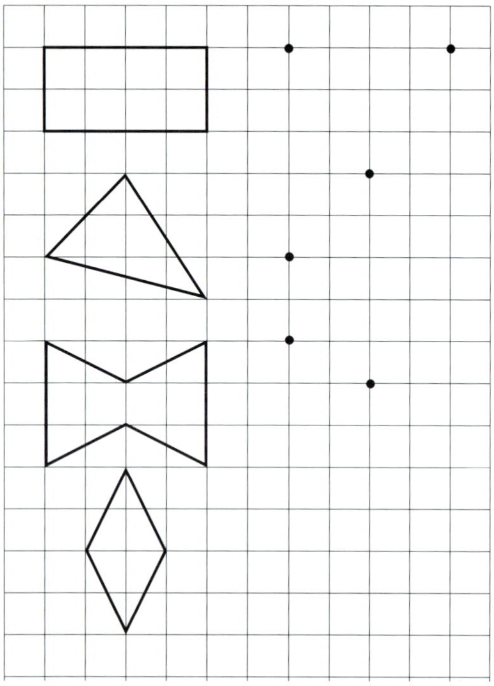

2 • Dessine un polygone à 5 côtés, puis un polygone à 8 côtés.

POUR M'AIDER

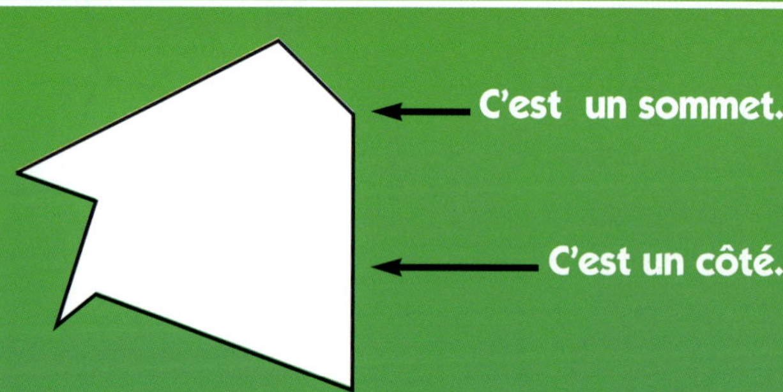

Ce polygone compte 7 sommets et 7 côtés.

Je m'entraîne sans aide

3 • Complète le tableau.

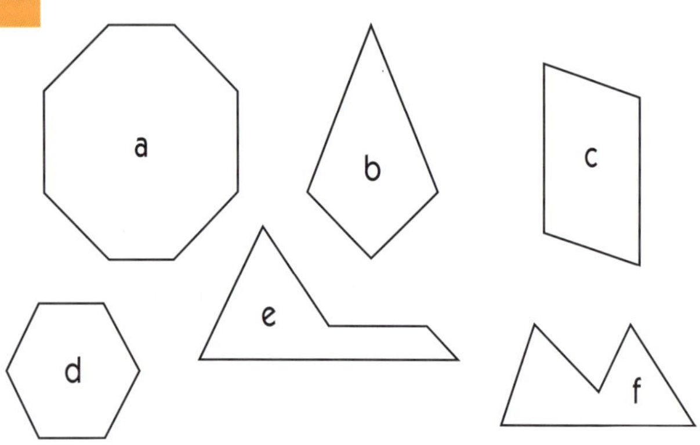

	a	b	c	d	e	f
Nombre de côtés						
Nombre de sommets						

4 • Reproduis la figure au-dessous.

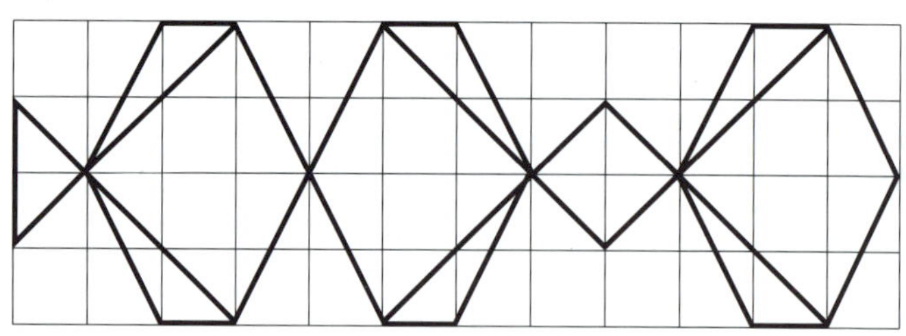

Les polygones

Je vais plus loin

5 • Voici un tangram.
Colorie les pièces différentes de couleurs différentes.

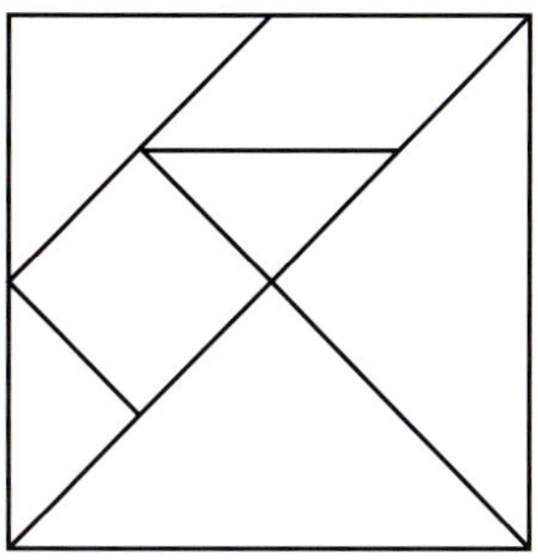

6 • On a utilisé des pièces du tangram pour faire ces dessins. Reprends les couleurs du tangram pour repérer chaque pièce.

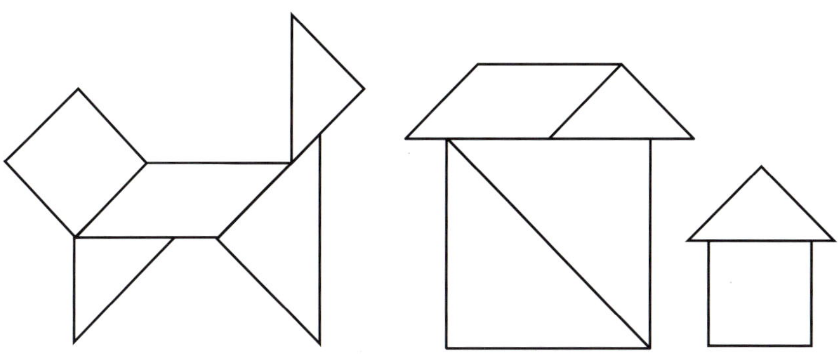

7 • Reproduis la figure au-dessous.

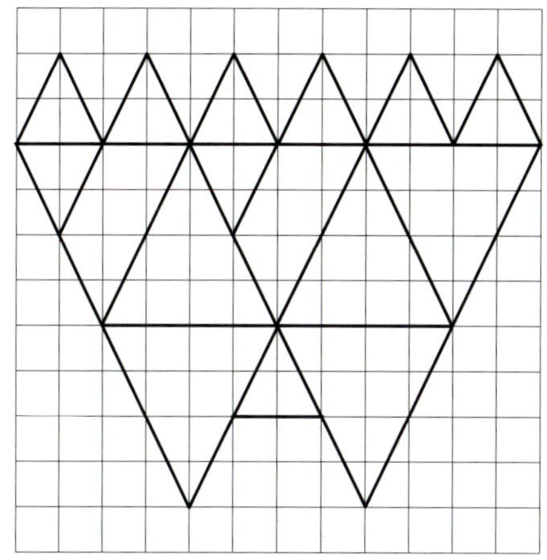

Pas de problème !

Léa est née le 14-06-91.
Étienne lui dit : « Je suis né le 23-09-90 et je suis plus jeune que toi, puisque 90 est plus petit que 91. »

Qu'en penses-tu ? Explique ta réponse.

Ce que je dois retenir...

Un polygone est une ligne brisée fermée.
Il y a autant de côtés que de sommets.
Chaque côté est un segment de droite.

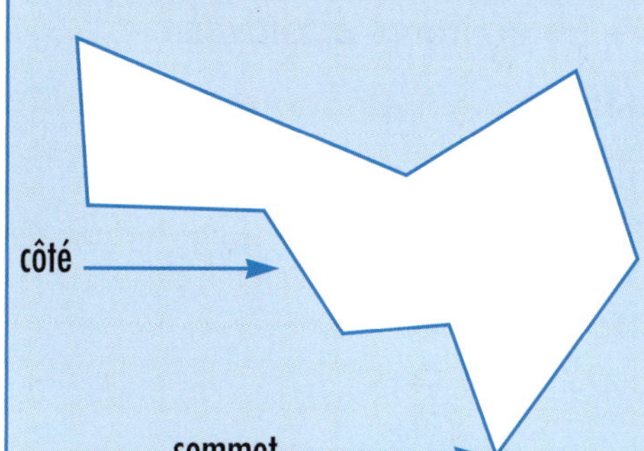

ici : 9 côtés, 9 sommets

Évaluation 3

1 • Écris dans le tableau le nombre qui est représenté. Complète ensuite les égalités.

c	d	u

100 + 100 + 30 + 8 = ...
2 c + 3 d + 8 u = ...
23 d + 8 u = ...

3 • Avec ces quatre chiffres, tu peux construire six nombres de trois chiffres ayant une centaine.

2 **1** **7** **5**

Écris-les et classe-les en ordre décroissant.

175 > ...... > ...... > ...... > ...... > ...... >

2 • Écris le nombre 674 de plusieurs manières.

– En lettres : ....

– En écritures additives :

100 + ... + ... + ... + ...

500 + ... + ... + ...

300 + ... + ... + ...

6 centaines, ...

4 + 70 + ...

– Complète par centaines, dizaines et unités.

674 = 6...... + ... + 4

674 = 6...... + 74

4 • Colorie le patron qui te permettra de construire un solide.
Pour cela, décalque-le, découpe-le et fais la construction.

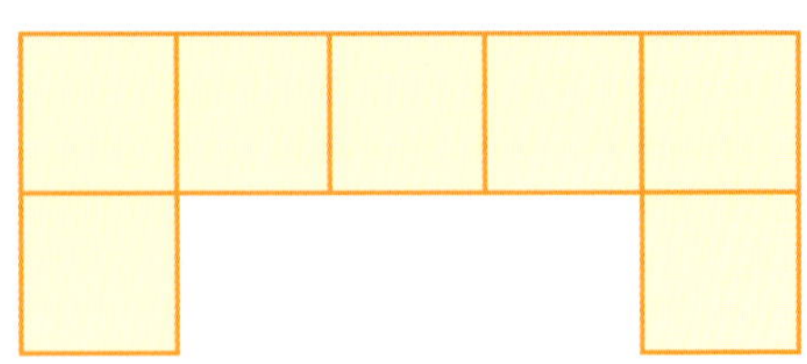

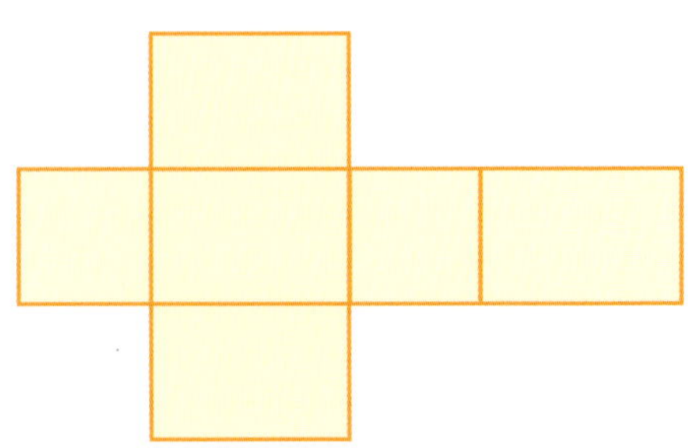

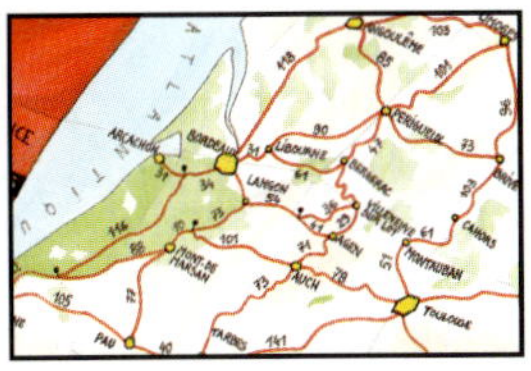

5 • Pose et calcule.

127 + 54

....
+ ....

....

85 + 106

....
+ ....

....

6 • Attribue à chaque animal sa masse moyenne :
25 g ; 600 kg ; 16 kg ; 3 g ; 4 t ; 5 kg

....

....

• Range les animaux du plus léger au plus lourd.

....

7 • Dessine trois fois 18 billes.

• Écris les sommes et produits que tu peux à partir de ce quadrillage.

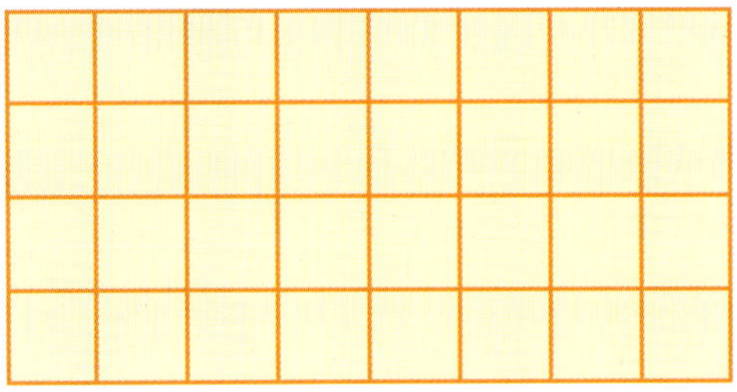

....

....

8 • Dessine un polygone à six côtés.

Ce que je vais apprendre…

- Multiplier un nombre par un autre nombre.

Multiplier par un nombre

- Quel est le prix d'une chocolatine ? ______ . Quel est le prix d'un éclair ? ______ .
- Qui, de Romain ou d'Ali,
  a correctement calculé le prix des 4 croissants ? ______ .
- Aide Romain et Ali à faire leurs comptes en remplissant les tableaux suivants.

CHOCOLATINE(S) (m 4)

Nombre	1	2	3	4	5	6	7	8	9	10
Prix (en F)	4	8	12							

ÉCLAIR(S) (m …)

Nombre	1	2	3	4	5	6	7	8	9	10
Prix (en F)										

Ce que je sais déjà faire

m 2

2	5	0	8	6

m 3

3	6	4	8	
				15

m 5

1	
7	
5	
9	
10	

…

6	60
2	20
4	
0	

POUR PROGRESSER

MON DÉFI

Multiplier par un nombre

Je m'entraîne avec aide

1 • Sers-toi de la table pour compléter les tableaux.

m 3

4	
7	
9	
3	
2	
0	
10	

m 5

6	
8	
4	
10	
7	
1	
2	

m 7

9	
5	
3	
4	
7	
8	
2	

m 10

4	10		7		8	
		20		90		0

m 6

	54	0	12	24	6	

2 • Écris le nombre de jetons sous la forme de deux produits et calcule.

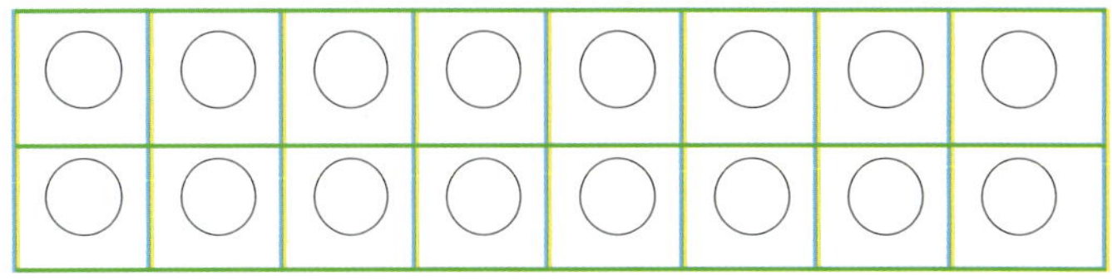

.... x .... ou .... x .... = ...

POUR M'AIDER

x	0	1	2	3	4	5	6	7	8	9	10
0	0	0	0	0	0	0	0	0	0	0	0
1	0	1	2	3	4	5	6	7	8	9	10
2	0	2	4	6	8	10	12	14	16	18	20
3	0	3	6	9	12	15	18	21	24	27	30
4	0	4	8	12	16	20	24	28	32	36	40
5	0	5	10	15	20	25	30	35	40	45	50
6	0	6	12	18	24	30	36	42	48	54	60
7	0	7	14	21	28	35	42	49	56	63	70
8	0	8	16	24	32	40	48	56	64	72	80
9	0	9	18	27	36	45	54	63	72	81	90
10	0	10	20	30	40	50	60	70	80	90	100

Je m'entraîne sans aide

3 • Complète les tableaux.

m 9

4	
9	
10	
7	
6	
5	

m 6

3	
	12
	24
20	
5	
9	

...

5	25
8	
4	
	50
9	
	500

4 • Complète les tableaux.

	4	5	1	10	9	20	3
m 2							
m 10							

	4	3	10	5	0		7
...	16					4	
m 2							

Multiplier par un nombre

Je vais plus loin

5 • Complète les tableaux.

(… : m 4, m 2)

4	9	2	0	5	6	10	7	1

(… : m 3, m …)

3	10		5		6		9	2
		12				3		6
27				0				

6 • Utilise un tableau pour résoudre ce problème.
Il faut 6 joueurs pour former une équipe de volley.
Combien d'équipes peut-on former avec :

– 12 joueurs ? →
– 60 joueurs ? →
– 24 joueurs ? →
– 18 joueurs ? →
– 54 joueurs ? →

1	6
	12

(…)

Pas de problème !

Regarde bien l'illustration, puis dis s'il est possible ou impossible de répondre aux propositions suivantes :

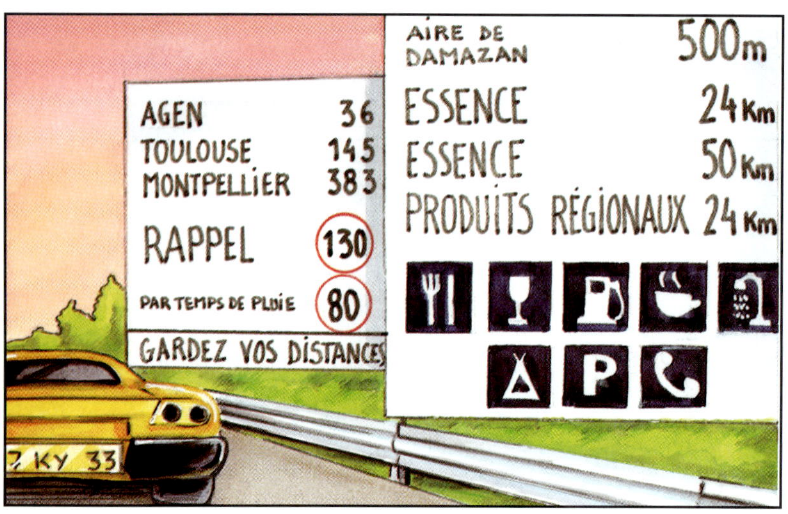

1• Je peux calculer la distance entre Toulouse et Montpellier.

....

2• Je peux calculer à quelle vitesse roule la voiture.

....

3• Je peux savoir d'où est partie la voiture.

....

4• Je peux calculer la distance entre les deux prochaines stations-service.

....

5• Je peux savoir dans combien de kilomètres il commencera à pleuvoir.

....

6• Je peux trouver le département d'origine de cette voiture.

....

Ce que je dois retenir...

$4 \times 5 = 20$
$5 \times 4 = 20$

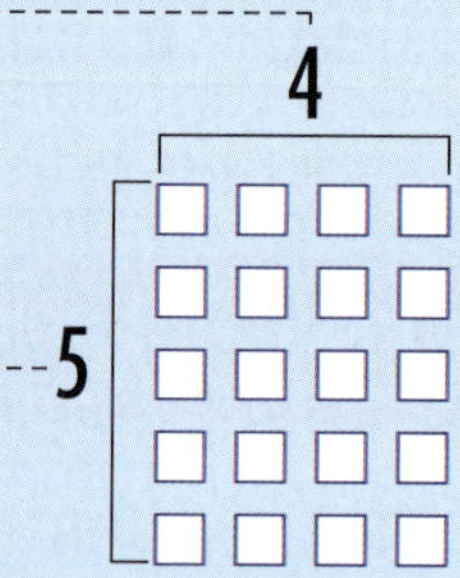

m 5

3	9	6	1	4
15	45	30	5	20

$3 \times 5 = 15$
$9 \times 5 = 45$
$6 \times 5 = 30$
$1 \times 5 = 5$
$4 \times 5 = 20$

Ce que je vais apprendre…

- Reconnaître les carrés, triangles et rectangles.
- Tracer des carrés, triangles et rectangles.

Carrés, rectangles, triangles

- Colorie en vert les triangles, en jaune les carrés et en bleu les rectangles.
- Explique comment tu reconnais :

– le triangle : ;

– le carré : ;

– le rectangle : .

Ce que je sais déjà faire

- Écris le nom des trois polygones :

 : ....

 : ....

 : ....

- Vrai ou faux. (Coche la bonne réponse.)
  - Un triangle a 3 sommets. .... V F
  - Un carré n'a pas d'angles droits. .... V F
  - Un carré n'a que 2 côtés de même longueur. .... V F
- Réécris les phrases fausses afin qu'elles deviennent exactes.

....

....

....

POUR PROGRESSER

MON DÉFI

Carrés, rectangles, triangles

Je m'entraîne avec aide

1 • Symbolise les angles droits de ces figures par ∟. Nomme les figures.

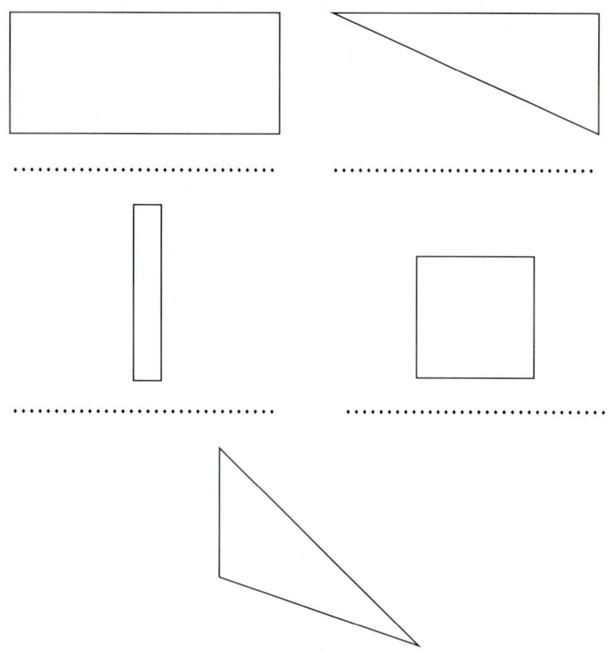

2 • Termine la construction du rectangle ABCD et du carré EFGH.

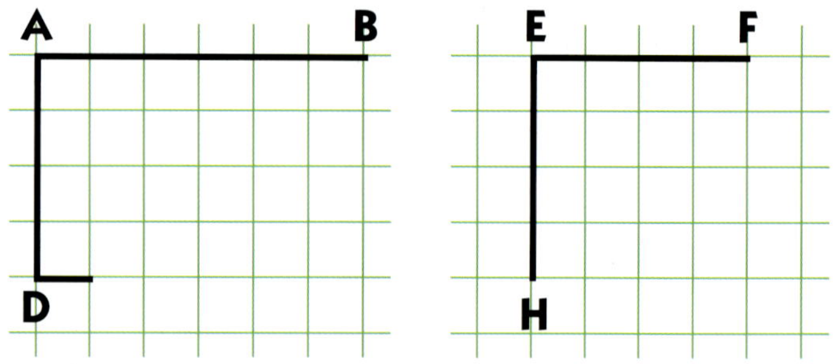

POUR M'AIDER

L'angle est droit.

L'angle n'est pas droit.

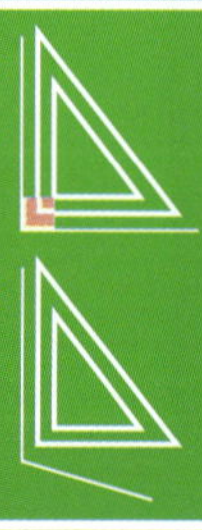

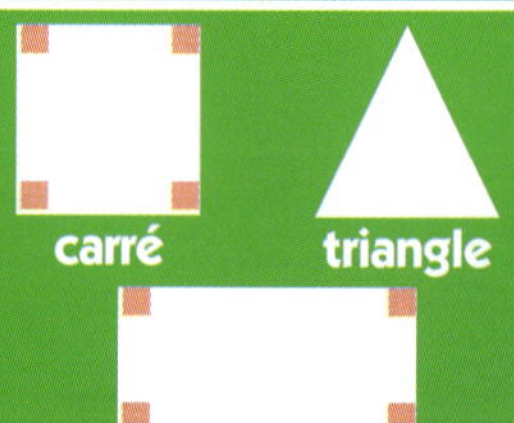

Je m'entraîne sans aide

3 • Reproduis les figures.

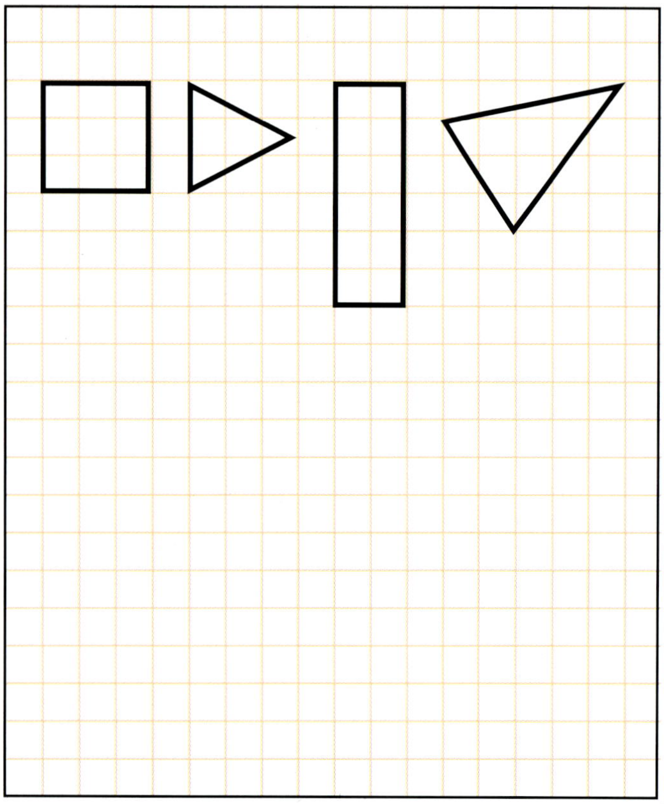

4 • Trace plusieurs carrés.

Carrés, rectangles, triangles

Je vais plus loin

5 • Devine qui je suis et dessine-moi !

– J'ai quatre côtés de la même longueur,
4 angles droits et quatre sommets.
Je suis un ....

– J'ai 3 sommets, 3 angles et 3 côtés.
Je suis un ....

6 • À l'aide d'un papier-calque, reproduis soigneusement ces polygones. Découpe-les et à l'aide de tous, compose un carré.

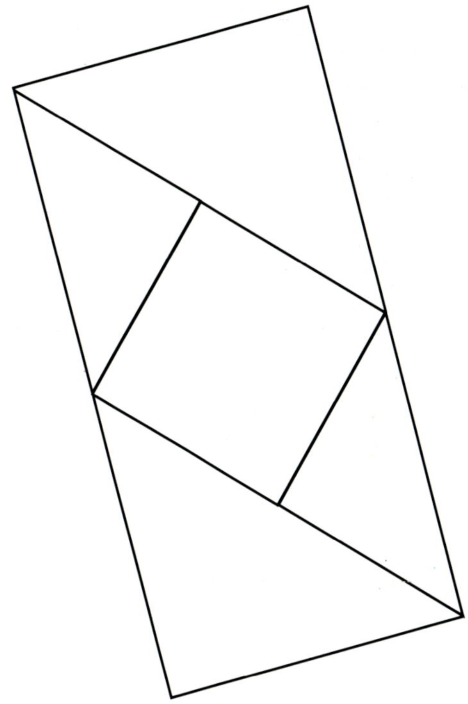

Pas de problème !

Lis le texte afin de pouvoir répondre aux questions.

Au 3 de la rue des Bonnes-Dames, à Paris, dans le XXIIIe arrondissement, il y avait une maison dont les habitants étaient en général très sagaces [...]. Il y avait un chien caniche nommé Mac Niche, un chat matou tigré tout rayé et costaud répondant au beau nom d'Almanzor Pacha. Il y avait aussi une chatte-dame toute noire, belle et mince, qui s'appelait Lady Mi. Il y avait un canari de la race saxon chanteur nommé Solmido, un perroquet de deux cents ans, nommé Charlemagne, et une maman souris grise et futée appelée Marie Mélisse, avec les dix-sept souriceaux de sa famille nombreuse. Sans oublier, dans le jardin, le merle Trilli et sa merlette Trillala, qui étaient eux aussi très sagaces, amicaux et plutôt contents.

Claude Roy, *Les Animaux très sagaces*, Coll. « Folio Cadet », Éd. Gallimard.

Indique vrai (V) ou faux (F) et corrige lorsque tu réponds faux.

- Il y a 7 animaux dans cette maison. ....
- Il y a 17 souriceaux. ....
- La maison se situe au numéro 3. ....
- Charlemagne a 200 ans. ....
- Les animaux habitent dans le 13e arrondissement. ....

Ce que je dois retenir...

- Le carré a 4 côtés de la même longueur et 4 angles droits.

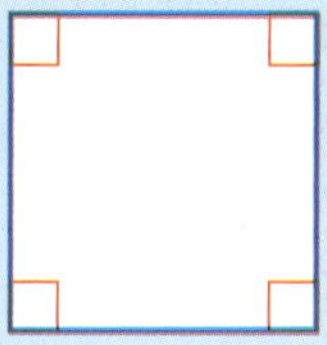

- Le triangle a 3 côtés et 3 sommets.

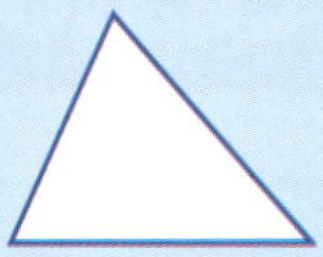

- Le rectangle a deux côtés opposés de même longueur et 4 angles droits.

Ce que je vais apprendre...

- Écrire les nombres de 0 à 1000 en chiffres et en lettres.
- Décomposer les nombres.

0 à 1000 : écritures et désignations

◆ Regarde les comptes de la kermesse puis calcule la recette de chaque stand.

– Fléchettes : (100 x 3) + (10 x ....) + (1 x ....) = ☐

– Tir : (........ x ....) + (........ x ....) + (........ x ....) = ☐

– Pêche à la ligne : (........ x ....) + (........ x ....) + (........ x ....) = ☐

◆ Complète le chèque en indiquant en chiffres puis en lettres le montant total de la recette.

Ce que je sais déjà faire

■ Complète soit en chiffres, soit en lettres.

347 : ....

.... **: cinq cent vingt-huit**

808 : ....

■ Complète.

500 + 20 + 4 = ...

(100 x 4) + (10 x 5) + (1 x 2) = ...

800 + 30 = ...

714 = ... **+** ..... **+** .....

(100 x 9) + (1 x 3) = ...

672 = ...

347 = (..... x .....) + (..... x .....) + (..... x .....)

POUR PROGRESSER

☐ ☐ ☐

MON DÉFI

☐

0 à 1000 : écritures et désignations

Je m'entraîne avec aide

1 • Complète.

	c	d	u	
257	2	5	7	(100 x 2) + (...... x ......) + (...... x ......)
548				
724				
96				

2 • Complète.

362 : ....

.... : six cent vingt-neuf

.... : quatre cents

990 : ....

879 : ....

3 • Complète.

(100 x 4) + (10 x 5) + (1 x 6) = ...

(100 x 8) + (10 x 7) + (1 x 2) = ...

(...... x ......) + (...... x ......) + (...... x ......) = 925

.... = 320

POUR M'AIDER

	c	d	u	
345	3	4	5	3 centaines, 4 dizaines et 5 unités
906	9	0	6	9 centaines et 6 unités

400 : quatre cents
481 : quatre cent quatre-vingt-un

364 = (100 x 3) + (10 x 6) + 4
940 = (100 x 9) + (10 x 4)
307 = (100 x 3) + (1 x 7)

Je m'entraîne sans aide

4 • Complète le tableau.

524		
	800 + 90 + 1	
		(100 x 6) + (10 x 9) + (1 x 3)
	700 + 5	
920		
		(100 x 2) + (1 x 4)

5 • Écris le nombre représenté en chiffres et en lettres.

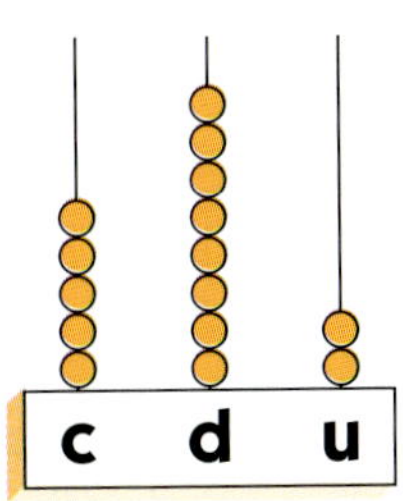

....

....

....

6 • Complète.

897

800 + ... + 17

800 + ...

890 + ...

.... + 90 + 7

(........ x 8) + (10 x ....) + ...

0 à 1000 : écritures et désignations

Je vais plus loin

7 • Combien de centimes cette tirelire contient-elle ?

500 + 100 + ... **+** .... **+** .... **+** .... **=** ....

Écris ce nombre en lettres.

....

8 • Dessine les pièces de monnaie correspondant à cette somme : 485 centimes.

9 • Colorie d'une même couleur les étiquettes représentant le même nombre.

sept cent quarante-quatre | .... | ....

600 + 90 | **six cent neuf** | ....

609 | **(100 x 4) + (10 x 7) + (1 x 4)**

400 + 70 + 4 | **700 + 44** | **(100 x 6) + (10 x 9)**

(100 x 6) + (1 x 9) | ....

(100 x 7) + (10 x 4) + (1 x 4) | **600 + 9**

....

• Un de ces nombres est représenté de 4 façons différentes.
Observe ces 4 écritures et complète pour chacun des autres nombres les écritures manquantes.

Pas de problème !

Les phrases de cet énoncé ont été mélangées.
À toi de les remettre dans l'ordre en les recopiant.

- Le bus part avec 35 personnes.
- Au deuxième arrêt, 4 passagers descendent et 2 montent.
- Combien y a-t-il de passagers après le second arrêt ?
- Dans un bus, il y a 50 places assises.
- Au premier arrêt, 8 passagers descendent.

Ce que je dois retenir…

- ☐ 100 : cent
- ☐ 200 : deux cents
- ☐ 248 : deux cent quarante-huit
- ☐ 999 : neuf cent quatre-vingt-dix-neuf
- ☐ Je dois savoir écrire un nombre sous la forme additive :

587 = (100 x 5) + (10 x 8) + 7 = 500 + 80 + 7

404 = (100 x 4) + 4 = 400 + 4

Ce que je vais apprendre...

- Comparer les nombres de 0 à 1 000.
- Ranger des nombres en ordre croissant ou décroissant.
- Encadrer des nombres.

0 à 1000 : ordre et comparaison

◆ Sur la 2e étagère de cette bibliothèque, marque d'une croix l'endroit où était rangé le livre qu'a emprunté Léa.
– Quel est le numéro de ce livre ? ☐

◆ Sur l'étagère du haut, complète les étiquettes blanches ; écris les numéros des livres manquants :

☐ .

◆ Sur l'étagère du bas, les livres numérotés entre 852 et 861 ont été mal rangés. Indique ci-dessous l'ordre dans lequel ils auraient dû être alignés :

852 .... **862**

Ce que je sais déjà faire

■ Complète avec < ou >.

628 ...... **268**

937 ...... **997**

605 ...... **506**

97 ...... **285**

■ Complète.

478 < ...... < 480

101 > 100 > ......

254 > ...... > 252

687 < ...... < 689 < ...... < 691

POUR PROGRESSER

☐ ☐ ☐

MON DÉFI

☐

0 à 1000 : ordre et comparaison

Je m'entraîne avec aide

1 • Dans chaque série, colorie la case contenant le nombre le plus petit.

137	647	524

897	849

283	280

609	690	619

732	473	526	809

392	391	399

907	97	970

2 • Complète avec < ou >.

359 ..... **543**

839 ..... **998**

623 ..... **643**

400 ..... **500**

574 ..... **457**

443 ..... **402**

991 ..... **919**

3 • Complète.

Nombre juste avant	Nombre	Nombre juste après
	874	
	911	
	998	
		701

Range ensuite les nombres de la colonne « **Nombre** » dans l'ordre croissant.

.... < .... < .... < ....

POUR M'AIDER

c	d	u
7	4	1

c	d	u
3	5	8

7 > 3 donc 741 > 358

- Ranger des nombres dans l'ordre croissant revient à les ranger du plus petit au plus grand, ex. : 795 < 796 < 797 < 798.
- Ranger des nombres dans l'ordre décroissant revient à les ranger du plus grand au plus petit, ex. : 995 > 994 > 993 > 992.

Je m'entraîne sans aide

4 • Range les nombres suivants dans l'ordre croissant :
960 ; 897 ; 764 ; 990 ; 826 ; 741.

....

5 • Range les nombres suivants dans l'ordre décroissant :
800 ; 751 ; 722 ; 901 ; 569 ; 899.

....

6 • Parmi les nombres qui suivent, entoure ceux qui sont compris entre 687 et 715.

690	721	875	709	680
699	678	714	702	725

7 • Complète avec le signe <, > ou =.

647 ..... **716**

971 ..... **977**

836 ..... **639**

400 + 40 ..... **500**

600 + 9 ..... **609**

600 + 50 + 7 ..... **(100 x 6) + (10 x 4) + 7**

900 + 8 ..... **(100 x 8) + (10 x 9) + 9**

600 + 90 ..... **(100 x 6) + (10 x 9)**

700 + 90 + 5 ..... **(100 x 7) + (10 x 8) + (1 x 5)**

0 à 1000 : ordre et comparaison

Je vais plus loin

8 • Complète le tableau.

Nombre juste avant terminé par 00	Nombre juste avant terminé par 0	Nombre juste avant	Nombre	Nombre juste après	Nombre juste après terminé par 0	Nombre juste après terminé par 00
600	640	642	643	644	650	700
			858			
			717			
			491			
			540			
			982			

9 • Dans le tableau, écris les nombres en chiffres tout en les rangeant du plus petit au plus grand.

quatre cent trois

600 + 20 + 6

600 + 20 + 1

100 + 60 + 2

cent vingt-six

200 + 10 + 6

trois cent quatre

quatre cent trente

c	d	u

Pas de problème !

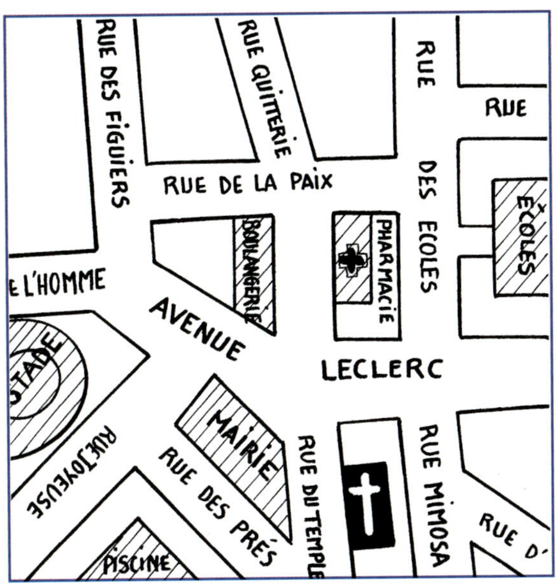

Ce que je dois retenir…

A• 528 < 643
car 5 < 6

B• 674 > 638
car 7 > 3

Pour comparer des nombres de trois chiffres, je regarde le chiffre des centaines.

En **A•**, comme 5 < 6, alors 528 < 643.

En **B•**, le chiffre des centaines est le même. Je regarde alors le chiffre des dizaines. Comme 7 > 3, j'en déduis que 674 > 638.

Regarde le plan afin de pouvoir compléter les phrases.

– Je quitte la rue de l'Homme et tourne à droite dans l'avenue Leclerc. Je prends ensuite la première à droite puis la première à gauche. Je suis dans la rue ....

– Explique comment aller du stade à l'école. ....

Ce que je vais apprendre…

- Les règles de multiplication par 10, 100…
- L'application de ces règles par 20, 30…, 200, 300…

Multiplier par 10, 20…, par 100, 200…

◆ À l'occasion du grand congrès des sorcières, la cuisinière en chef a commandé de quoi préparer une bonne soupe.
Complète le bordereau de livraison.

Ce que je sais déjà faire

■ Complète les tableaux.

m10

6	4	9	8	15	23

m100

7	3	9	12	0	1

■ Complète.

3 x 20 = ...
8 x 100 = ...
3 x 200 = ...
100 x 6 = ...
10 x 100 = ...
20 x 20 = ...

POUR PROGRESSER

MON DÉFI

Multiplier par 10, 20..., par 100, 200...

Je m'entraîne avec aide

1 • Calcule.

3 x 10 = ...
9 x 10 = ...
10 x 20 = ...
10 x 2 = ...
6 x 30 = ...

m 20 — m 2 — m 10

3		
	4	
7		

2 • Calcule.

7 x 100 = ...
100 x 5 = ...
2 x 300 = ...
6 x 600 = ...

m 200 — m 2 — m 100

3		
	8	
6		

POUR M'AIDER

4 X 10 = 40   8 X 10 = 80

3 X 20 = 6 X 10 = 60

2 X 100 = 200

5 X 300 = 15 X 100 = 1500

Je m'entraîne sans aide

3 • Complète les tableaux.

m 10

4	
	50
9	
	60
	100

m ... — m 4 — m 10

2		
4		
5		
	28	
		1000

m ... — m 3 — m 100

3	6	0				
			30	12		
					2100	2700

4 • Calcule.

3 x 10 = ...
50 x 40 = ...
9 x ...... = 90
100 x 8 = ...
4 x 20 = ...
...... x 100 = 700
5 x 100 = ...
6 x ...... = 1200
10 x 60 = ...
7 x 300 = ...
...... x 10 = 50
3 x ...... = 1200

Multiplier par 10, 20..., par 100, 200...

Je vais plus loin

5 • Complète les tableaux.

m ... m ...

3	30	
	60	
		1200
		30
	100	
9		

m 30

m ... / m 4 / m 100 / m...

			8	
28			16	4
		24		
	4000			

6 • Complète les égalités.

9 x ...... = 360

50 x 4 = ...

...... x 6 = 3000

...... x 20 = 360

3 x 300 = ...

6 x 20 = ...

...... x ...... = 800

9 x ...... = 1800

3 x 10 = ...

Pas de problème !

Observe le graphique ci-dessous et écris trois questions que tu pourrais poser à un camarade à propos de ce graphique.

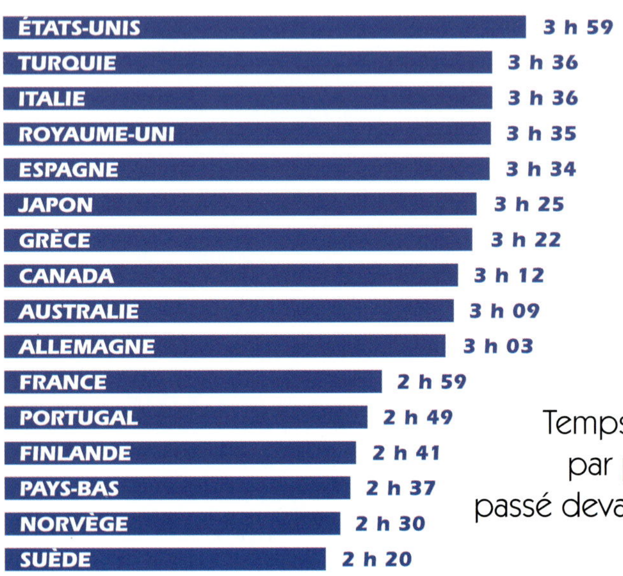

Temps quotidien, par personne, passé devant le petit écran.

Ce que je dois retenir...

- Lorsqu'on multiplie un nombre par 10, on ajoute un 0 à la droite de ce nombre :
  6 x 10 = 60
- Lorsqu'on multiplie un nombre par 20, on multiplie par 2 et par 10 :
  2 x 20 = 2 x 2 x 10 = 40
- Lorsqu'on multiplie un nombre par 100, on ajoute deux 0 à la droite de ce nombre :
  4 x 100 = 400
- Lorsqu'on multiplie par 500, on multiplie par 5 et par 100 :
  3 x 500 = 3 x 5 x 100 = 1500

Fiche 5

11

13

14

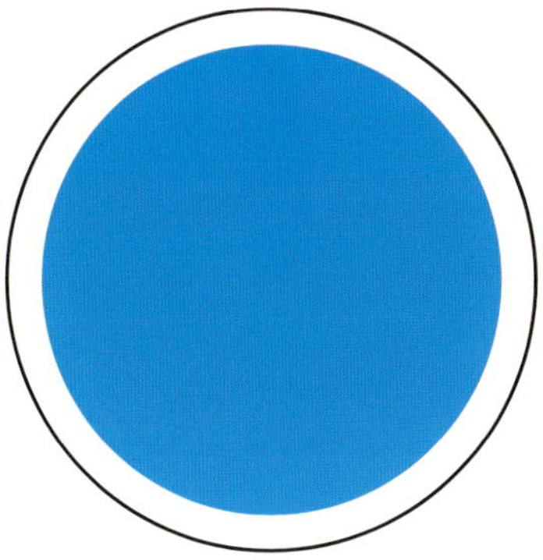
12

15

16
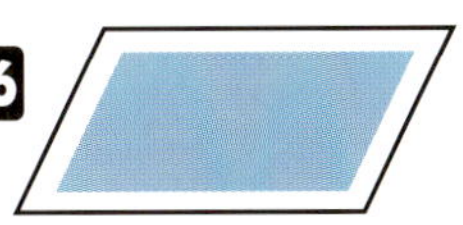

17

18

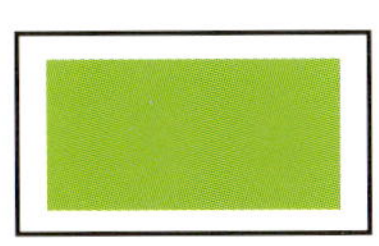
19

20

21

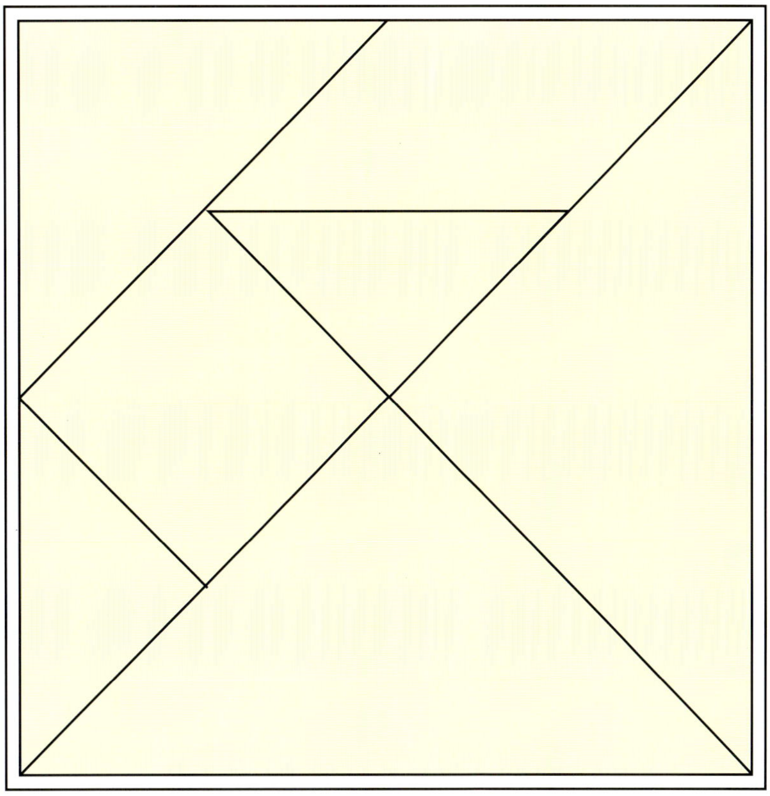

Ce que je vais apprendre...

- La table de multiplication.

La table de multiplication

◆ Catastrophe ! La table de multiplication qui était au dos du cahier de Catia est abîmée. Restaure-la.

Ce que je sais déjà faire

■ Complète.

1 x 0	0	
1 x 1	1	a1
1 x 2	2	a1
1 x 3	3	a1
1 x 4	...	a1
1 x ...	...	a1
		a
		a
		a
		a
		a
		a

2 x 0	0	
2 x 1	2	a2
2 x 2	4	a2
2 x 3	6	a2
2 x ...	8	a
		a
		a
		a
		a
		a
		a
		a

3 x 0	0	
3 x 1	3	a3
3 x 2	6	a3
3 x ...	9	a3
		a
		a
		a
		a
		a
		a
		a
		a

4 x 0	0	
4 x 1	4	a
4 x 2	8	a
4 x 3	12	a
		a
		a
		a
		a
		a
		a
		a
		a

5 x 0	0	
5 x 1	5	a
5 x 2	10	a
5 x 3	15	a
		a
		a
		a
		a
		a
		a
		a
		a

POUR PROGRESSER

MON DÉFI

La table de multiplication

Je m'entraîne avec aide

1 • Sers-toi de la table de multiplication pour compléter les deux tables suivantes.

X	8	3	7	2
4				
5				
10				
1				

X	9	0	10	5
8				
2				
4				
7				

2 • Complète les égalités à l'aide de la table de multiplication.

7 x 4 = ...
6 x 5 = ...
3 x 10 = ...
9 x 2 = ...

8 x 8 = ...
7 x 7 = ...
6 x 6 = ...
5 x 5 = ...

8 x ..... = 24
..... x 9 = 18
10 x ..... = 60
..... x ..... = 81

POUR M'AIDER

La table de multiplication

x	0	1	2	3	4	5	6	7	8	9	10
0	0	0	0	0	0	0	0	0	0	0	0
1	0	1	2	3	4	5	6	7	8	9	10
2	0	2	4	6	8	10	12	14	16	18	20
3	0	3	6	9	12	15	18	21	24	27	30
4	0	4	8	12	16	20	24	28	32	36	40
5	0	5	10	15	20	25	30	35	40	45	50
6	0	6	12	18	24	30	36	42	48	54	60
7	0	7	14	21	28	35	42	49	56	63	70
8	0	8	16	24	32	40	48	56	64	72	80
9	0	9	18	27	36	45	54	63	72	81	90
10	0	10	20	30	40	50	60	70	80	90	100

Je m'entraîne sans aide

3 • Complète les tables.

X	6	4	9	5
8				
3				
7				
9				

X	7		9	
4				16
	14			
5		15		
8				

4 • Calcule en utilisant un arbre.

3 x 4 x 2
..... x .....
.....

6 x 5 x 2
..... x .....
.....

5 x 2 x 4

5 • Complète ces égalités.

6 x 5 = ...
9 x 3 = ...
8 x ..... = ...
7 x 3 = ...
8 x 7 = ...
..... x 6 = 36
7 x ..... = 49
..... x ..... = 64

..... x 10 = 80
..... x ..... = 81
4 x 2 x ..... = 24
4 x 1 x ..... = 0
3 x 3 x 3 = ...
2 x 2 x 2 = ...
4 x 4 x ..... = 32
3 x 1 x ..... = 27

La table de multiplication

Je vais plus loin

6 • Complète la table.

x	9		10	8		3	6
10		50					
	18						
8							
		35			0		
4							
1							

7 • Complète.

36
4 x 9
..... x .....
..... x .....

24
..... x .....
..... x .....
..... x .....
..... x .....

40
..... x .....
..... x .....
..... x .....
..... x .....
..... x .....
..... x .....
..... x .....
..... x .....

18

Pas de problème !

Observe le plan de cette classe ainsi que la légende, afin de pouvoir répondre aux questions.

1• Quel est le nombre de tables inoccupées ? ....

2• Écris sous la forme d'un produit le nombre de tables occupées : ....

3• Combien de chaises y a-t-il dans cette classe ? ....

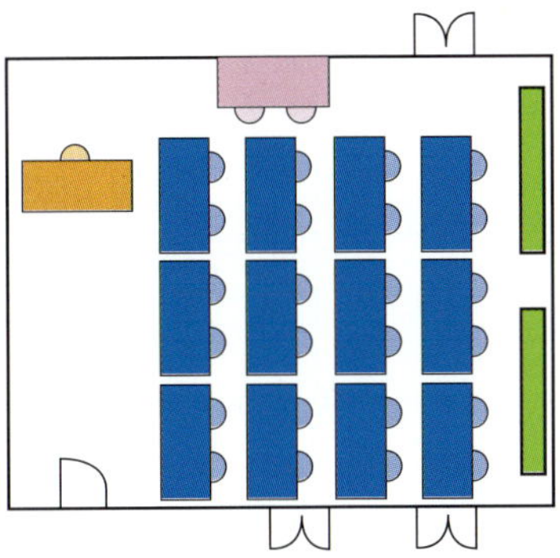

: table occupée

: table inoccupée

: bureau

: fenêtre

: porte

: meuble

: chaise

Ce que je dois retenir...

x	0	1	2	3	4	5	6	7	8	9	10
2	0	2	4	6	8	10	12	14	16	18	20

x	0	1	2	3	4	5	6	7	8	9	10
5	0	5	10	15	20	25	30	35	40	45	50

x	0	1	2	3	4	5	6	7	8	9	10
10	0	10	20	30	40	50	60	70	80	90	100

Ce que je vais apprendre…

- Connaître le nom des jours et des mois.
- Repérer des dates et des durées d'événements.

Le calendrier

Janvier
1 J J. DE L'AN
2 V
3 S
D ÉPIPHANIE
5 L
6 M
7 M
8 J
9 V
10 S
11 D
12 L
13 M
14 M
15 J
16 V
17 S
18 D
19 L
20 M
21 M
22 J
23 V
24 S
25 D
26 L
27 M
28 M
29 J
30 V
31 S

Février
1 D
2 L
3 M
4 M
5 J
6 V
7 S
8 D
9 L
10 M
11 M
12 J
13 V
14 S
15 D
16 L
17 M
18 M
19 J
20 V
21 S
22 D
23 L
24 M
M CENDRES
26 J
27 V
28 S

Mars
1 D
2 L
3 M
4 M
5 J
6 V
7 S
8 D
9 L
10 M
11 M
12 J
13 V
14 S
15 D
16 L
17 M
18 M
19 J
20 V
21 S
22 D
23 L
24 M
25 M
26 J
27 V
28 S
29 D
30 L
31 M

Avril
1 M
2 J
3 V
4 S
5 D
6 L
7 M
8 M
9 J
10 V
11 S
D PÂQUES
13 L
14 M
15 M
16 J
17 V
18 S
19 D
20 L
21 M
22 M
23 J
24 V
25 S
26 D
27 L
28 M
29 M
30 J

Mai
1 F. DU TRAVAIL
2 S
3 D
4 L
5 M
6 M
7 J
V VICTOIRE 1945
9 S
10 D
11 L
12 M
13 M
14 J
15 V
16 S
17 D
18 L
19 M
20 M
21 J
22 V
23 S
24 D
25 L
26 M
27 M
28 J
29 V
30 S
D PENTECÔTE

Juin
1 L
2 M
3 M
4 J
5 V
6 S
D F. DES MÈRES
8 L
9 M
10 M
11 J
12 V
13 S
14 D
15 L
16 M
17 M
18 J
19 V
20 S
D F. DES PÈRES
22 L
23 M
24 M
25 J
26 V
27 S
28 D
29 L
30 M

◆ Indique le nombre de jours des mois suivants :

janvier : ☐ jours ; février : ☐ jours ; mars : ☐ jours ; avril : ☐ jours ; mai : ☐ jours.

◆ Sur le calendrier, écris la date des événements imprimés en gras.

◆ Donne les dates de tes vacances de printemps. ☐

Ce que je sais déjà faire

■ Complète les phrases.

AVRIL

L	M	M	J	V	S	D
		1	2	3	4	5
6	7	8	9	10	11	12
13	14	15	16	17	18	19
20	21	22	23	24	25	26
27	28	29	30			

- Le mois d'avril compte .... jours.
- Il commence le .... 1er avril et se termine le ....
- Il compte .... jeudis, ... lundis et .... mercredis.
- Combien y a-t-il de semaines complètes ? ....

POUR PROGRESSER

☐ ☐ ☐

MON DÉFI

☐

Le calendrier

Je m'entraîne avec aide

1 • Écris dans l'ordre tous les jours de la semaine.

lundi, ...
....
....

2 • Complète le calendrier du mois de mars 1998.

M
A
R
S

L	M	M	J	V	S	D

• Colorie en jaune le 2e samedi du mois de mars.
• Colorie en bleu le dernier dimanche du mois de mars.
• Complète. Le mois de mars commence un .... et finit un ....

3 • Écris dans l'ordre tous les mois de l'année, puis souligne le mois de ta naissance.

....
....
....

POUR M'AIDER

1998	JANVIER	FÉVRIER	MARS	AVRIL
Lundi	5 12 19 26	2 9 16 23	2 9 16 23 30	6 13 20 27
Mardi	6 13 20 27	3 10 17 24	3 10 17 24 31	7 14 21 28
Mercredi	7 14 21 28	4 11 18 25	4 11 18 25	1 8 15 22 29
Jeudi	1 8 15 22 29	5 12 19 26	5 12 19 26	2 9 16 23 30
Vendredi	2 9 16 23 30	6 13 20 27	6 13 20 27	3 10 17 24
Samedi	3 10 17 24 31	7 14 21 28	7 14 21 28	4 11 18 25
Dimanche	4 11 18 25	1 8 15 22	1 8 15 22 29	5 12 19 26

	MAI	JUIN	JUILLET	AOÛT
Lundi	4 11 18 25	1 8 15 22 29	6 13 20 27	3 10 17 24 31
Mardi	5 12 19 26	2 9 16 23 30	7 14 21 28	4 11 18 25
Mercredi	6 13 20 27	3 10 17 24	1 8 15 22 29	5 12 19 26
Jeudi	7 14 21 28	4 11 18 25	2 9 16 23 30	6 13 20 27
Vendredi	1 8 15 22 29	5 12 19 26	3 10 17 24 31	7 14 21 28
Samedi	2 9 16 23 30	6 13 20 27	4 11 18 25	1 8 15 22 29
Dimanche	3 10 17 24 31	7 14 21 28	5 12 19 26	2 9 16 23 30

	SEPTEMBRE	OCTOBRE	NOVEMBRE	DÉCEMBRE
Lundi	7 14 21 28	5 12 19 26	2 9 16 23 30	7 14 21 28
Mardi	1 8 15 22 29	6 13 20 27	3 10 17 24	1 8 15 22 29
Mercredi	2 9 16 23 30	7 14 21 28	4 11 18 25	2 9 16 23 30
Jeudi	3 10 17 24	1 8 15 22 29	5 12 19 26	3 10 17 24 31
Vendredi	4 11 18 25	2 9 16 23 30	6 13 20 27	4 11 18 25
Samedi	5 12 19 26	3 10 17 24 31	7 14 21 28	5 12 19 26
Dimanche	6 13 20 27	4 11 18 25	1 8 15 22 29	6 13 20 27

Je m'entraîne sans aide

4 • Écris tous les numéros des vendredis de ce mois.
• Écris tous les numéros des lundis de ce mois.

M
A
I

L	M	M	J	V	S	D
				8		

• Si nous sommes le vendredi 8 mai, vendredi prochain, nous serons le .... mai, et vendredi dernier, nous étions le .... mai.

5 • Voici une semaine du mois de mars. Entoure les dates qui font partie de ce même mois de mars.

MARS

Lundi 16	Mardi 17	Mercredi 18	Jeudi 19	Vendredi 20	Samedi 21	Dimanche 22

Jeudi 5 **Lundi 23**

Dimanche 14 **Vendredi 13**

Samedi 26 **Mercredi 11**

Lundi 2 **Dimanche 21**

Lundi 31 **Mardi 10**

Le calendrier

Je vais plus loin

6

	Février	
1	*Lundi*	
2	*Mardi*	
3	*Mercredi*	
4	*Jeudi*	VISITE MÉDICALE
5	*Vendredi*	
6	*Samedi*	
7	*Dimanche*	VACANCES
8	*Lundi*	V...
9	*Mardi*	V...
10	*Mercredi*	V...
11	*Jeudi*	V...
12	*Vendredi*	V...
13	*Samedi*	V...
14	*Dimanche*	V...
15	*Lundi*	V...
16	*Mardi*	V...
17	*Mercredi*	V...
18	*Jeudi*	VOYAGE SCOLAIRE
19	*Vendredi*	VOYAGE SCOLAIRE
20	*Samedi*	
21	*Dimanche*	
22	*Lundi*	PATINOIRE
23	*Mardi*	
24	*Mercredi*	
25	*Jeudi*	
26	*Vendredi*	
27	*Samedi*	
28	*Dimanche*	

- Colorie en jaune la 1re semaine, et en vert la 3e semaine.
- Le mois de février a .... jours et .... semaines.
- Le premier jour est un ....
  Le 16e jour est un ....
  Le dernier jour est un ....
- Qu'a fait la classe le 18e et le 19e jour du mois ? ....
- La classe a passé la visite médicale le .... jour de la .... semaine.
- La classe est allée à la patinoire le .... jour de la .... semaine de février.
- Les enfants ont été en vacances à partir du ....
- La classe est allée à la piscine le 4e jour de la 4e semaine.
  Marque-le sur le calendrier.

Pas de problème !

Sans jamais utiliser le même nombre, complète les cases pour que la somme soit la même sur tous les côtés du triangle.

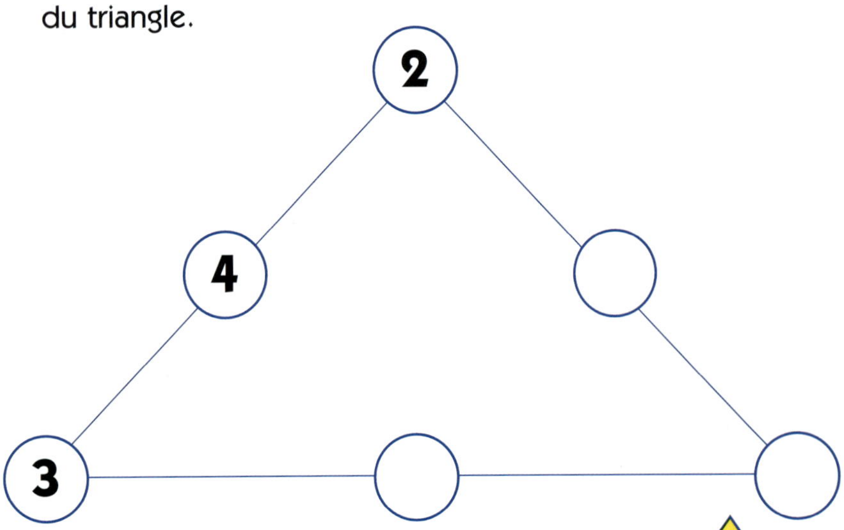

Ce que je dois retenir…

- Je dois pouvoir me repérer sur un calendrier en connaissant :
  – les jours de la semaine et leurs initiales : lundi (L), mardi (M), mercredi (M), jeudi (J), vendredi (V), samedi (S), dimanche (D) ;
  – les mois de l'année : janvier, février, mars, avril, mai, juin, juillet, août, septembre, octobre, novembre, décembre.
- Une semaine comporte 7 jours.
  Si nous sommes le mardi 15, je peux connaître la date du mardi suivant en comptant : 15 + 7 = 22.
  Je peux aussi trouver la date du mardi de la semaine précédente : 15 – 7 = 8.

Ce que je vais apprendre…

- ☐ Reconnaître les pièces et les billets.
- ☐ Convertir des centimes en francs et inversement.
- ☐ Effectuer des paiements.

La monnaie

- Quelle somme d'argent chaque enfant possède-t-il ? Note-la sur leur carnet.
- Le pion de Jean est tombé sur la case de la lanterne magique.
  Dessine dans l'urne le billet et les pièces qu'il doit donner.
- Catia a donné 100 F au croupier pour acheter le porte-bonheur.
  Combien le croupier doit-il lui rendre ? ☐

Ce que je sais déjà faire

■ Calcule les sommes représentées :

…… F …… c

■ Tu dois payer un achat de 827 F.
Coche les cases des billets et pièces que tu utilises.

500	200	100	100	20	10	10	5	2	1	1
☐	☐	☐	☐	☐	☐	☐	☐	☐	☐	☐

POUR PROGRESSER

☐ ☐ ☐

MON DÉFI

☐

La monnaie

Je m'entraîne avec aide

1 • Écris en centimes les sommes ci-dessous.

4 F = ... x .... = ...

4 F 30 c = (........ x ....) + ... = ...

7 F 5 c = ...

3 F 80 = ...

2 • Écris les sommes en francs.

200 c = ... F

325 c = ...F....... c

280 c = ...F....... c

770 c = ...F....... c

3 • Parmi les pièces et billets proposés, entoure ceux qui te permettront d'acheter l'ours en peluche.

POUR M'AIDER

500 F — 200 F — 100 F — 50 F

20 F — 10 F — 5 F — 2 F — 1 F

50 c — 20 c — 10 c — 5 c

1 F = 100 c
3 F = 100 x 3 = 300 c
3 F 50 = (100 x 3) + 50 = 350 c
3 F 50 = 3,50 F

100 c = 1 F
200 c = 2 F
260 c = 2 F 60 = 2,60 F

Je m'entraîne sans aide

4 • Complète.

Pour avoir  , il faut .... pièces de  .

Pour avoir  , il faut .... pièces de  .

Pour avoir  , il faut .... pièces de  .

Pour avoir  , il faut .... pièces de  .

Pour avoir  , il faut .... pièces de  .

5 • Paie chaque objet avec le moins de billets et de pièces possible. Dessine-les.

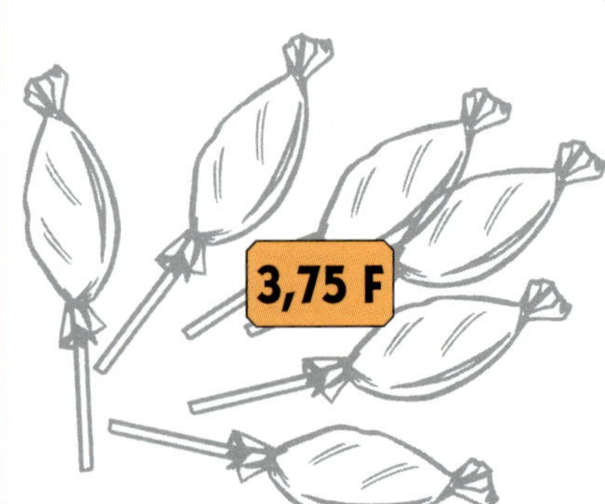

La monnaie

Je vais plus loin

6 • Observe ces trois rouleaux. Échange ces trois rouleaux contre un seul billet que tu dessines.

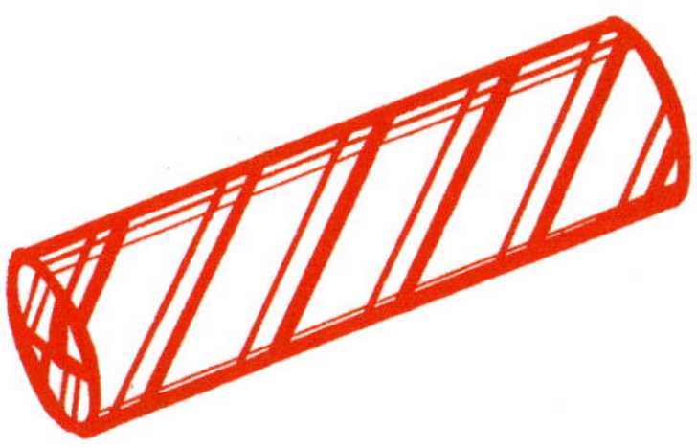

25 pièces de 2 F

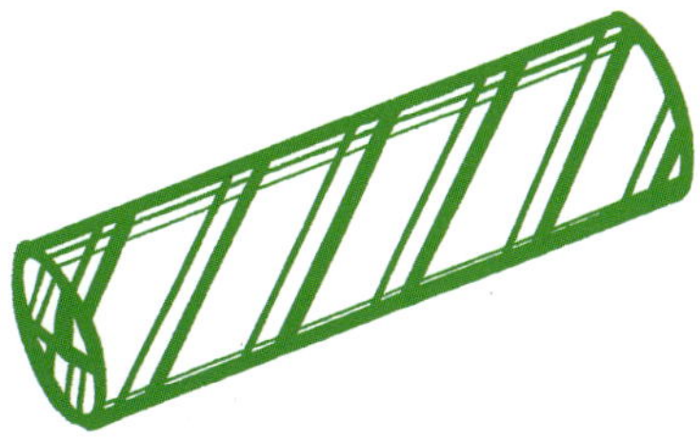

25 pièces de 1 F

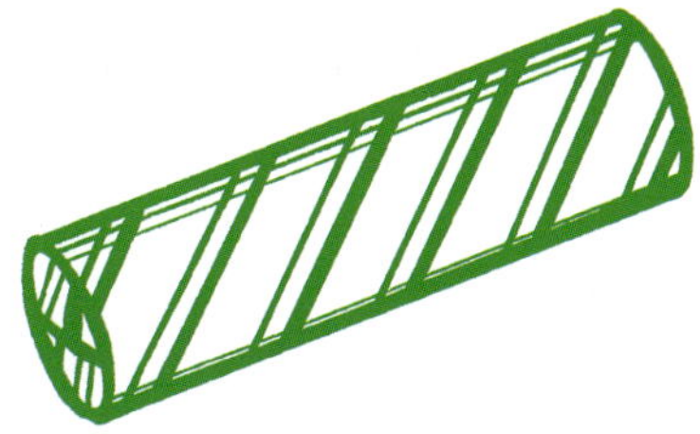

25 pièces de 1 F

7 • Complète le tableau en dessinant les pièces ou billets qui conviennent.

Prix	Argent donné	Argent rendu
83 F		
75 c		

Pas de problème !

• Lis le schéma ci-dessous qui donne le mois d'anniversaire de plusieurs enfants nés la même année.

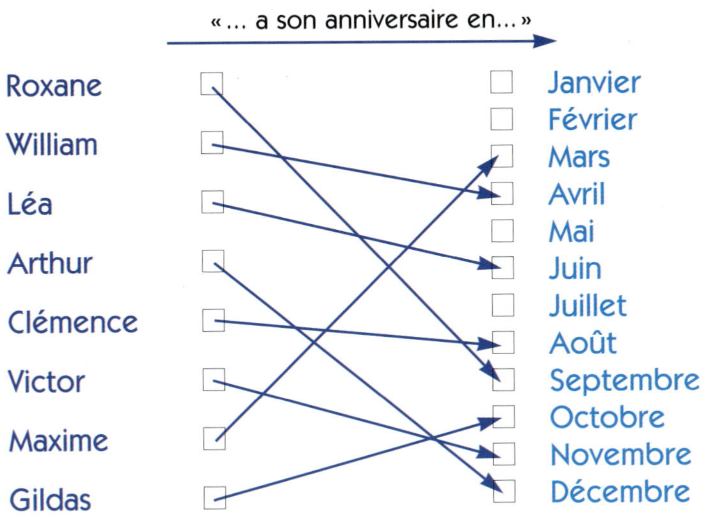

Sur ton cahier de brouillon :
- range ces enfants du plus âgé au plus jeune ;
- relève les dates des anniversaires de tes camarades et construis un schéma sur ce modèle.

Ce que je dois retenir…

☐ Je connais la valeur des pièces et billets et suis capable de faire des paiements.

CD : 123 F
100 F + 10 F + 10 F + 2 F + 1 F
ou

☐ Je sais convertir des centimes en francs et inversement.

100 c = 1 F
150 c = 1 F 50 c ou 1,50 F

2 F = 200 c
2,50 F = 250 c

Évaluation 4

1 • Pour pouvoir compléter la grille, lis les définitions de chaque nombre. Tu ne pourras mettre qu'un chiffre par case.

Horizontalement
1- 400 + 575.
2- le double de 7 auquel on ajoute 134.
3- cent dizaines.
4- 2 + 2 + 2 + 2 ; pour aller de 236 à 241.

Verticalement
a- la moitié de 18 ; le nombre entre dix-sept et dix-neuf.
b- 71 x 10.
c- 27 x 20.
d- le nombre qui précède 806.

	a	b	c	d
1				
2				
3				
4				

3 • Complète les cases.

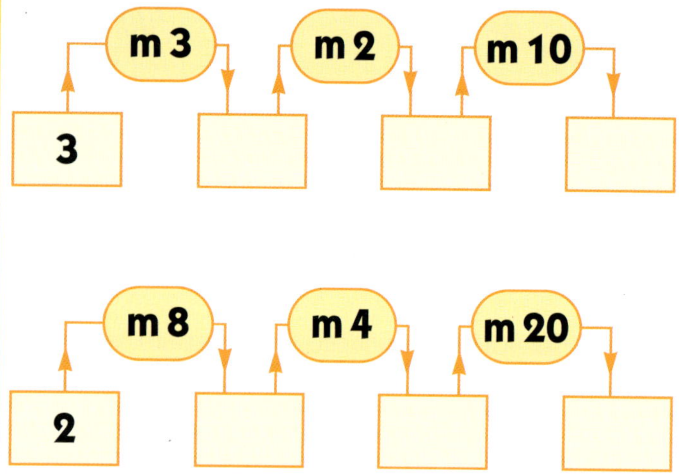

2 • Relie les points entre eux de manière à construire des rectangles bleus, des carrés rouges et des triangles verts. Les traits peuvent se couper.

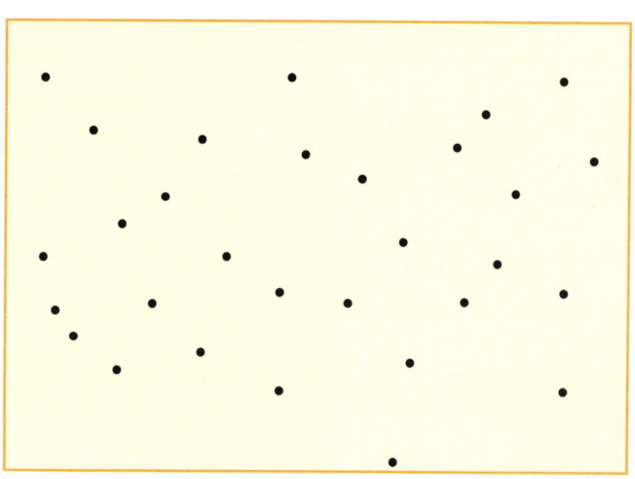

4 • Place les nombres suivants dans les étiquettes vides : 586 ; 947 ; 749 ; 476 ; 659.

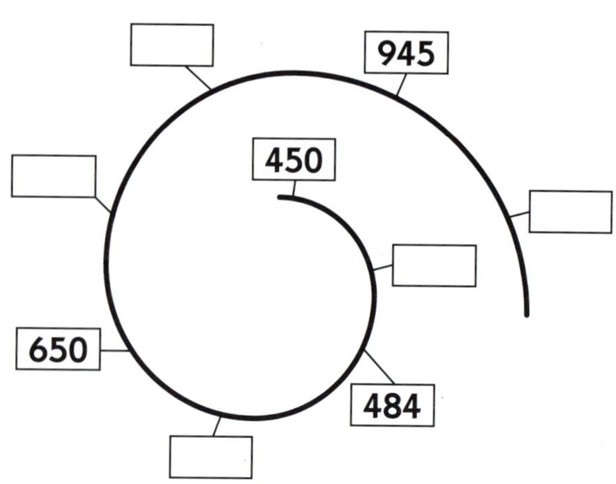

5

• Calcule et complète.

5 x 10 = ...

25 x 10 = ...

6 x 100 = ...

18 x 100 = ...

7 x 20 = ...

7 x 200 = ...

2 x ...... = 800

3 x ...... = 1500

7

• Calendrier de l'an 2000 : sept-oct

Septembre			
1	J	16	V
2	V	17	S
3	S	18	D
4	D	19	L
5	L	20	M
6	M	21	M
7	M	22	J
8	J	23	V
9	V	24	S
10	S	25	D
11	D	26	L
12	L	27	M
13	M	28	M
14	M	29	J
15	J	30	V

Octobre			
1	S	16	D
2	D	17	L
3	L	18	M
4	M	19	M
5	M	20	J
6	J	21	V
7	V	22	S
8	S	23	D
9	D	24	L
10	L	25	M
11	M	26	M
12	M	27	J
13	J	28	V
14	V	29	S
15	S	30	D
		31	L

• L'anniversaire de Léa est le 22 septembre.
Romain fête son anniversaire 5 jours plus tôt et Ali 16 jours après celui de Romain.
Écris le jour et la date de l'anniversaire de chacun des 3 enfants.

Léa : ....

Ali : ....

Romain : ....

6

• Calcule et complète.

x	5	0	6	8	7	3	2
9							
1							
2							
5							
4							
6							
7							

8

• Dessine les pièces et billets nécessaires pour payer ce jeu.

232 F 80

Pavages et mosaïques

Ce que je vais apprendre...

- Paver un plan à l'aide d'un gabarit.
- Réaliser des mosaïques.

◆ Utilise les gabarits qui sont prédécoupés dans l'aide Fiche 4 pour découper des formes géométriques, dix de chaque sorte, bien identiques entre elles.

Quelles sont les formes qui te permettent de paver complètement un rectangle de 6 cm sur 12 cm ?

Quelles sont les formes qui pavent bien, mais ne couvrent pas les coins de ce même rectangle ?

Quelles sont les formes qui ne peuvent pas paver cette surface rectangulaire ?

Ce que je sais déjà faire

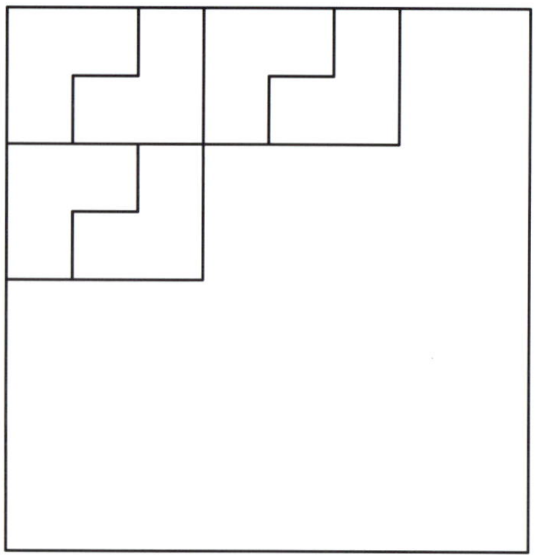

■ Découpe ce gabarit dans l'encart Fiche 4. Utilise-le pour continuer le pavage du rectangle ci-contre :

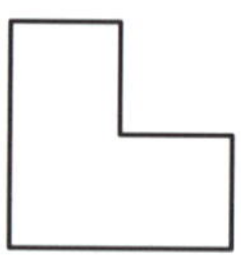

POUR PROGRESSER

MON DÉFI

Pavages et mosaïques

Je m'entraîne avec aide

1 • Fabrique un gabarit de la forme ci-contre.

Tu peux utiliser les gabarits Fiche 5. Puis, utilise-les pour paver exactement le rectangle ci-dessous.

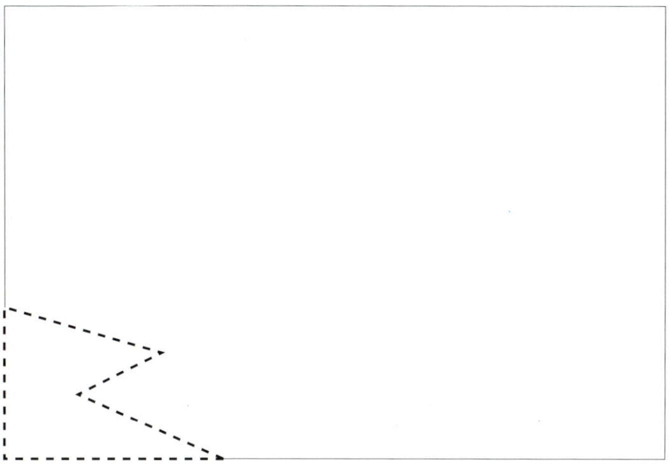

2 • Observe et continue, puis colorie.

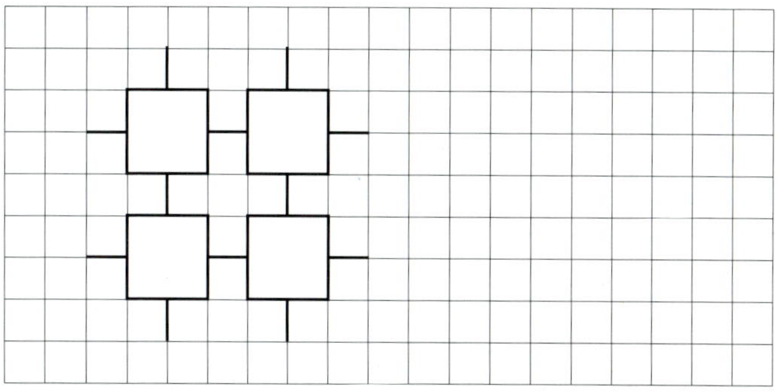

POUR M'AIDER

Pour paver, il faut agir sur la forme géométrique : la faire glisser, tourner, la retourner.

Pour colorier, partir d'un angle.

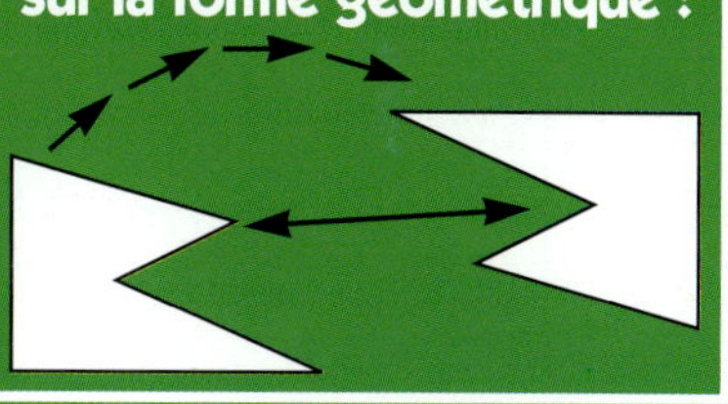

Je m'entraîne sans aide

3 • Fabrique les deux gabarits ci-contre en gardant les mêmes formes et dimensions. Aide-toi de la Fiche 5. Puis utilise-les pour paver exactement le rectangle ci-dessous :

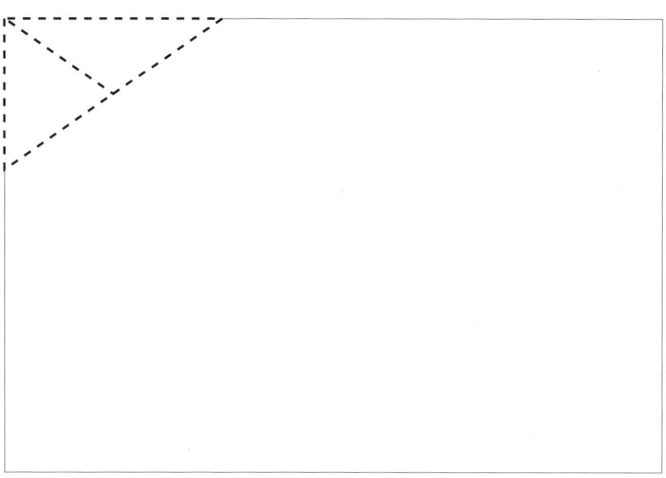

• Colorie en utilisant trois couleurs. Deux domaines de même couleur ne doivent pas se toucher par un côté.

4 • Observe et continue, puis colorie.

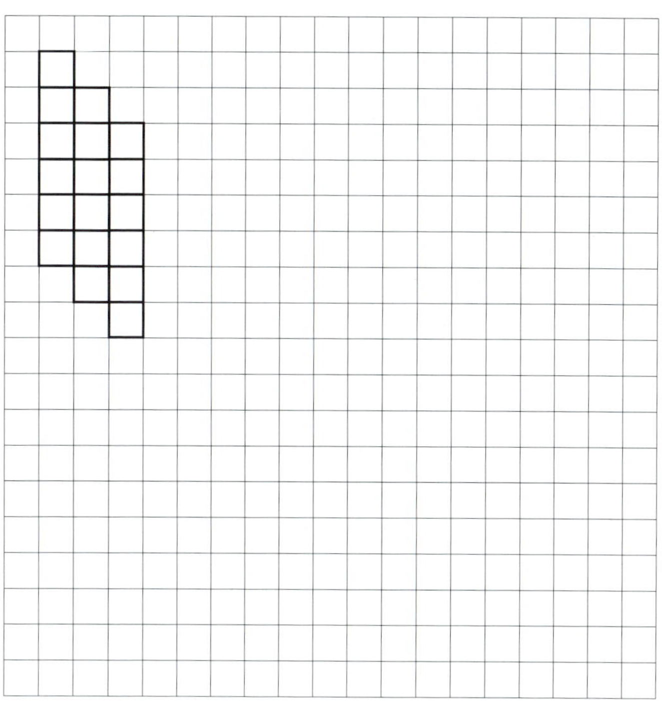

Pavages et mosaïques

Je vais plus loin

5 • Observe les deux premiers motifs, puis continue ; colorie en utilisant trois couleurs (deux domaines de même couleur ne doivent pas se toucher par un côté !)

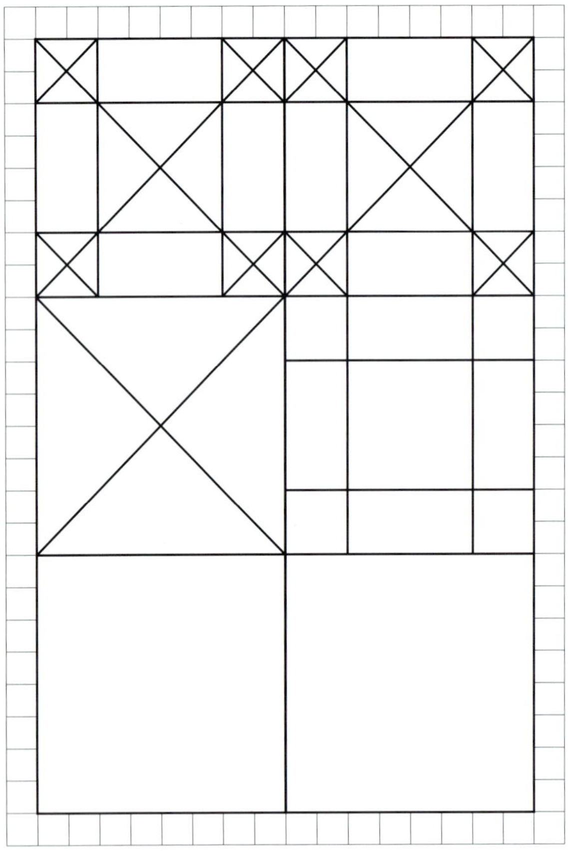

6 • Fabrique deux gabarits aux formes et dimensions ci-dessous ; puis utilise-les pour paver exactement le rectangle ci-dessous.

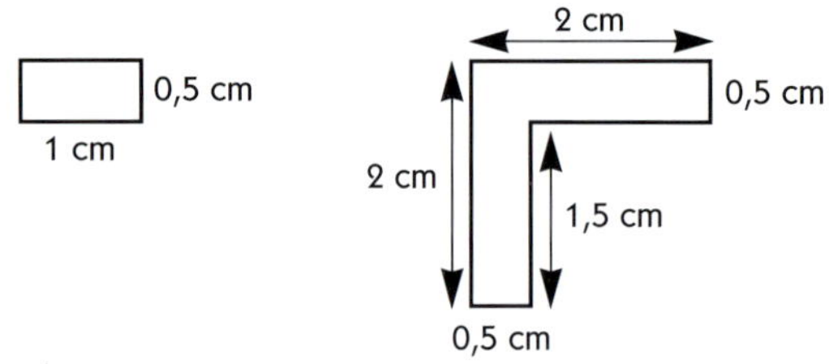

• Colorie en utilisant trois couleurs.
Deux domaines de même couleur ne doivent pas se toucher par un côté.

Pas de problème !

Reprends les indications du problème de la page 70, puis invente une situation-problème et complète :

❶

❷ Quel est l'âge de la grand-mère de Romain ?

❸ **7 + 56 = 63**

❹

Ce que je dois retenir…

Une forme géométrique ne change pas si on la tourne et même si on la retourne !
Toutes les formes géométriques ne permettent pas un pavage (par exemple, le cercle).

Ce que je vais apprendre…

- Dénombrer les cases d'un quadrillage.
- Utiliser des arbres à calcul.
- Poser la multiplication.

Technique opératoire de la multiplication (1)

◆ Sur ton cahier de brouillon, calcule à l'aide d'une addition puis d'une multiplication le nombre de timbres de la planche. En fonction du découpage proposé ci-dessus, complète le tableau :

x	10	6
6	6 x .... = ...	6 x .... = ...

(16 x 6) = (.... x ....) + (.... x ....)

Effectue la multiplication :

```
   16
 x  6
 ----
 ....
```

d	u

Boîte à retenues

Ce que je sais déjà faire

■ Écris le nombre d'étoiles de différentes manières :

★★★★★★★★★★★★★
★★★★★★★★★★★★★
★★★★★★★★★★★★★
★★★★★★★★★★★★★

13 x 4 = (.... x ....) + (.... x ....) = ...

.... + ... + ... + ... = ...

x	10	3
4		

```
   13
   13
   13
 + 13
 ----
 ....
```

```
   13
 x  4
 ----
 ....
```

POUR PROGRESSER

MON DÉFI

Technique opératoire de la multiplication (1)

Je m'entraîne avec aide

1 • Regarde et complète.

a) Calcule le nombre de cachets en découpant la plaquette par 10 :

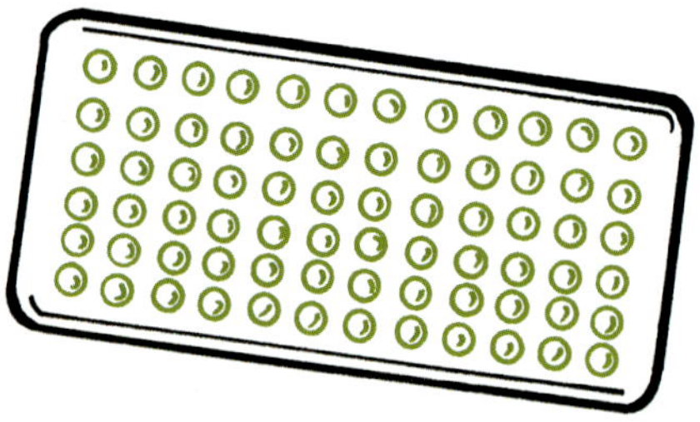

b) Complète le tableau.

x	10	2
6		

c) Pose la multiplication.

d	u

Boîte à retenues

....
x ....
....

d) Complète l'arbre : .... x .... = (.... x ....) + (.... x ....)
= .... + ...
= ....

POUR M'AIDER

Pour calculer le nombre de carreaux d'un quadrillage :

- **je fais le découpage par 10 ;**
- **je complète le tableau ;**
- **je complète l'arbre ;**
- **je pose la multiplication : je commence par les unités (7 x 4 = 28) ;
je pose 8 unités sous les unités ;
je retiens 2 dizaines dans la boîte à retenues ;
je multiplie les dizaines (1 x 4 = 4)
auxquelles j'ajoute 2 dizaines de retenue = 6 dizaines.**

17
x 4
68

d	u
2	

Je m'entraîne sans aide

2 • Calcule les multiplications à l'aide d'un arbre, puis en colonnes.

34 x 3 = (.... x ....) + (.... x ....)
= .... + ...
= ....

34
x 3
....

c	d	u

Boîte à retenues

126 x 4 = (.... x ....) + (.... x ....)
= .... + ...
= ....

126
x 4
....

c	d	u

Boîte à retenues

3 • Effectue la multiplication **132 x 3**.

x	100	30	2
3			

132 x 3 = ...

132
x 3
....

c	d	u

Boîte à retenues

Technique opératoire de la multiplication (1)

Je vais plus loin

4 • Effectue ces multiplications.

```
   87
x   9
―――――
 ........
```

c	d	u

Boîte à retenues

```
  138
x   5
―――――
 ........
```

c	d	u

Boîte à retenues

```
  483
x   6
―――――
 ........
```

c	d	u

Boîte à retenues

5 • Effectue la multiplication **14 x 12** :

a) en t'aidant du quadrillage :

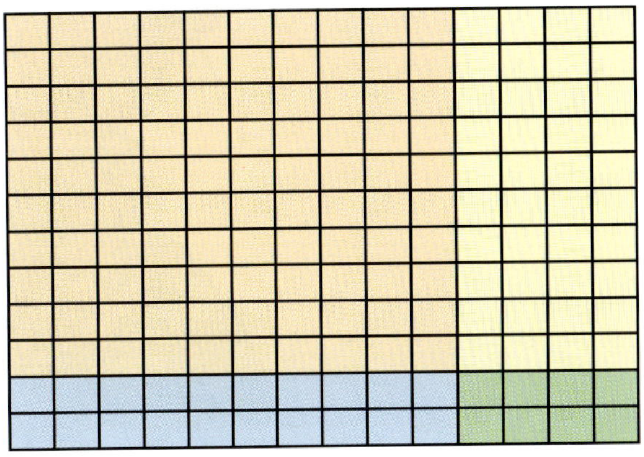

x	10	
10		

14 x 12 = ...

```
    ....
+   ....
+   ....
+   ....
――――――――
    ....
```

b) en complétant l'arbre : **14 x 12 =** (.... x ....) + (.... x ....) + (.... x ....) + (.... x ....)

= .... + ... + ... + ...

= ....

Pas de problème !

Monsieur et madame Lerois ont loué un véhicule pour 8 jours. Le prix de la location revient à 145 francs par jour.
Calcule le prix total de la location pour la durée du séjour.

Ce que je dois retenir...

```
  (2)
    15
+   15
+   15
+   15
――――――
    60
```

```
    15
x    4
――――――
    60
```

d	u
2	

Boîte à retenues

15 x 4 = ?

15 x 4 = (10 x 4) + (5 x 4)

= 40 + 20

= 60

Ce que je vais apprendre…

- Multiplier par un multiplicateur à deux chiffres.

Technique opératoire de la multiplication (2)

◆ **Aide Noémie et Max à terminer leurs opérations.**
Tu peux utiliser un tableau à double entrée comme dans la séquence précédente.

Ce que je sais déjà faire

■ Calcule 35 x 16 en complétant d'abord le tableau à double entrée, puis en faisant un arbre comme Max.

x	30	5
10		
6		

35 x 16 = ... + ... + ... + ...
= ....

35 x 16 = (.... x ....) + (.... x ....)
= .... + ...
= ....

POUR PROGRESSER

MON DÉFI

Technique opératoire de la multiplication (2)

Je m'entraîne avec aide

1 • Calcule **35 x 23** :

a) en complétant le tableau à double entrée :

x	35
3	
20	

35 x 23 = ... + ...

= ....

b) en complétant l'arbre :

35 x 23 = (.... x ....) + (.... x ....)

= .... + ...

= ....

c) en complétant l'opération :

```
     35
x    23
-------
........ ⇦ .... x ....
    .... ⇦ .... x ....
-------
    .... ⇦ .... x ....
```

c	d	u

c	d	u

POUR M'AIDER

POUR CALCULER 47 X 15, JE PEUX M'AIDER :

• d'un tableau à double entrée

x	47
10	470
5	235

47 x 15 = 470 + 235

= 705

• d'un arbre

47 x 15 = (47 x 10) + (47 x 5)

= 470 + 235

= 705

• d'une opération disposée en colonnes

```
     47
x    15
-------
    235 ⇦ 47 x 5
+ 470   ⇦ 47 x 10
-------
    705 ⇦ 47 x 15
```

c	d	u
	3	

Boîte à retenues

Je m'entraîne sans aide

2 • Calcule **27 x 13** :

a) en complétant le tableau :

x	

27 x 13 = ... + ...

= ....

b) en complétant l'arbre :

27 x 13 = (.... x ....) + (.... x ....)

= .... + ...

= ....

c) en effectuant l'opération :

```
     27
x    13
-------
    .... ⇦ .... x ....
    .... ⇦ .... x ....
-------
    .... ⇦ .... x ....
```

Boîte à retenues

c	d	u

Technique opératoire de la multiplication (2)

Je vais plus loin

3 • Effectue ces produits.

44 x 22 = (.... x ....) + (.... x ....)
= .... + ...
= ....

18 x 26 = ...
= ....
= ....

4 • Effectue ces opérations et utilise les boîtes à retenues si nécessaire.

```
   47
x  21
-----
  ....... ⇐ 47 x 1
+ ....... ⇐ 47 x 20
  ....... ⇐ 47 x 21

   38
x  14
-----
  ....... ⇐ 38 x 4
+ ....... ⇐ 38 x 10
  ....... ⇐ 38 x 14

   32
x  32
-----
  ....... ⇐ ....... x .......
+ ....... ⇐ ....... x .......
  ....... ⇐ ....... x .......

   52
x  17
-----

   31
x  28
-----
```

Pas de problème !

Voici le tableau qui donne les dates du début et de la fin des travaux de construction de certains monuments de Paris :

Monuments de Paris	Construction	
	début	fin
La tour Eiffel	1887	1889
Notre-Dame de Paris	1163	1245
Le palais du Louvre	1546	1571
L'Hôtel de Ville	1533	1628

❶ Choisis l'un des monuments, et à partir des informations que tu connais, invente l'énoncé d'un problème.

❷ Résous ce problème.

Ce que je dois retenir...

46 x 13 = (46 x 3) + (46 x 10)
= 138 + 460
= 598

```
   46
x  13
-----
  138 ⇐ 46 x 3
+ 460 ⇐ 46 x 10
-----
  598 ⇐ 46 x 13
```

c	d	u
	1	

Boîte à retenues

Lecture de l'heure

◆ **Dessine les aiguilles de la pendule ci-dessous pour indiquer l'heure de passage du dernier train.**

Dessine sur la pendule de l'illustration l'heure annoncée par Noémie.

Nicole et Noémie ont-elles manqué le dernier train ?

À quelle heure le train arrivera-t-il ?

Ce que je sais déjà faire

■ Quelle heure est-il ?

■ Quelle heure est-il ?

■ Combien de temps s'est écoulé entre ces deux moments ?

POUR PROGRESSER

MON DÉFI

Lecture de l'heure

Je m'entraîne avec aide

1 • Quelle heure est-il ?

matin : ....
après-midi : ....

matin : ....
après-midi : ....

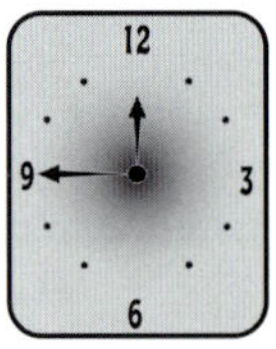

matin : ....
après-midi : ....

2 • Cet après-midi, au centre de loisirs, spectacle de clowns.

– À quelle heure a débuté le spectacle ? ....
– À quelle heure a fini le spectacle ? ....
– Combien de temps a duré le spectacle ? ....

POUR M'AIDER

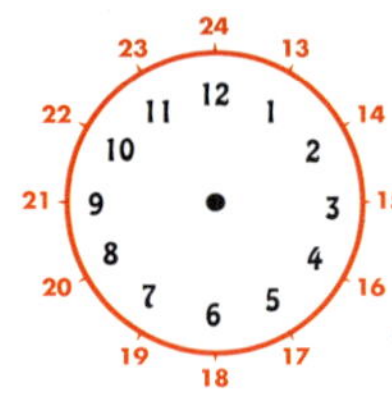

■ heure du matin
■ heure de l'après-midi

■ minutes
■ heures
matin : 4 h 05 min
après-midi : 16 h 05 min

Il s'est écoulé 1 h 30 min :
1 h entre 2 h et 3 h + 30 min entre 3 h et 3 h 30 min.

Je m'entraîne sans aide

3 • Écris l'heure indiquée par chaque pendule.

.... h .... min

.... h .... min

.... h .... min

.... h .... min

4 • La classe commence à 8 h 30. Il faut 15 minutes à Nicole pour arriver à l'école.
À quelle heure Nicole quitte-t-elle sa maison pour arriver juste à l'heure à l'école ?

....

5 • Complète les phrases et les pendules.

C'est le matin. Il est ....

C'est l'après-midi. Il est ....

12 : 05

Il est ....

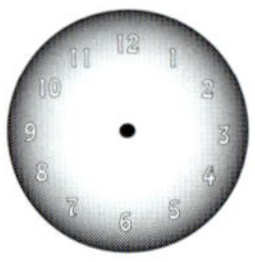

8 : 45

C'est le soir. Il est ....

Lecture de l'heure

Je vais plus loin

6 • Dessine les aiguilles sur chaque cadran.

7 h 50

21 h 25

6 h 05

18 h 35

7 • Écris l'heure indiquée par chaque pendule.

Matin : ....

Matin : ....

Après-midi : ....

Soir : ....

8 • Voici l'extrait d'un programme de télévision.

A 22

14 h 00 : Enfantines
14 h 30 : Documentaire animalier
16 h 00 : Dessins animés
17 h 00 : Flash info
17 h 15 : Lecture en tête
18 h 00 : Sportissimo
19 h 00 : Jeux
19 h 30 : Feuilleton
20 h 00 : Journal

Quelle est la durée de :
– Enfantines ? ....
– Flash info ? ....
– Sportissimo ? ....
– Feuilleton ? ....

Ali rentre de l'école à 16 h 45.
– Quelle émission est diffusée à ce moment-là ?
....

Pas de problème !

Lequel de ces deux cow-boys a le plus de points dans son jeu :

Ce que je dois retenir…

- 1 heure = 60 minutes
- Sur une pendule, la petite aiguille indique les heures (h), et la grande les minutes (min).

Il est 10 h 25 min (le matin)
ou 22 h 25 min (le soir).

Ce que je vais apprendre…

- Reconnaître une situation soustractive.
- Calculer en ligne une différence, un écart, un reste.
- Passer de : A + B = C à C – A = B ou C – B = A

Approche de la soustraction

◆ La maman de Paul profite des soldes pour acheter des vêtements à son fils.

Combien va-t-elle économiser sur le pull ? ____________

Combien va-t-elle économiser sur le blouson ? ____________

Elle prend aussi un article sur lequel elle a une réduction de 8 F. Lequel est-ce ? ____________

Indique sur quel vêtement se fait la plus grosse réduction. ____________

Ce que je sais déjà faire

■ Complète.

7 + ... = 12 ➡ 12 – 7 = ...

3 + ... = 10 ➡ 10 – 3 = ...

.... + 9 = 16 ➡ 16 – 9 = ...

.... + 8 = 14 ➡ .... – .... = ...

■ Complète avec le signe + ou –.

13 = 9 4	**10 = 13 .... 3**
12 .... 6 = 6	**9 .... 3 = 6**
8 .... 5 = 3	**7 .... 3 = 10**

■ Complète, ou mets une croix dans la case si c'est impossible.

☐ **9 + ... = 12** ☐ **8 – 10 = ...** ☐ **13 – 11 = ...** ☐ **.... + 3 = 2**

POUR PROGRESSER

☐ ☐ ☐

MON DÉFI

☐

Approche de la soustraction

Je m'entraîne avec aide

1 • Calcule l'écart de température entre :

• Toulouse et Biarritz : de 25 à 22 il y a ....

ce qui s'écrit : **25 – 22** = ...

• Brest et Paris : .... – .... = ...

• Toulouse et Lille : .... – .... = ...

• Marseille et Nantes : .... – .... = ...

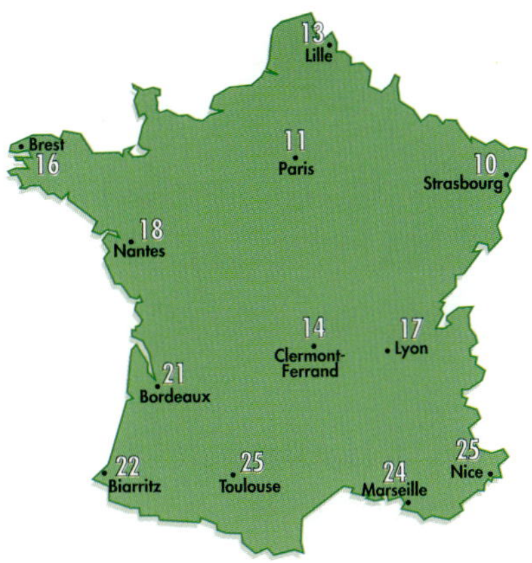

2 • En t'aidant si nécessaire de la droite numérique, organise ces groupes de trois nombres en opérations justes.

26 ; 12 ; 14

.... **+** .... **=** .... **ou** .... **–** .... **=** ....

15 ; 25 ; 40

.... **+** .... **=** .... **ou** .... **–** .... **=** ....

POUR M'AIDER

Utilise la droite numérique et compte par « bonds » d'un nombre à l'autre :

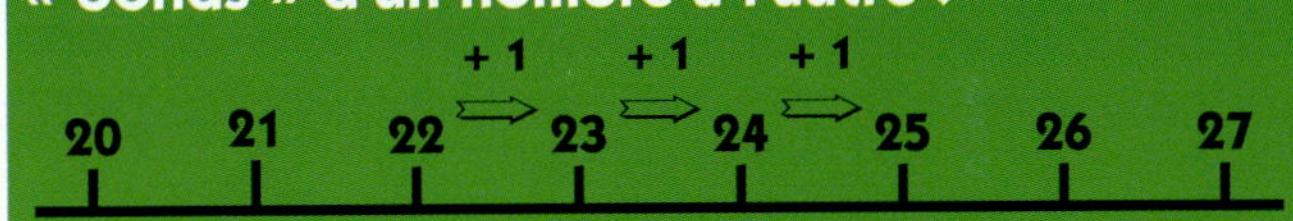

Pour utiliser le signe moins, il faut écrire d'abord le plus grand nombre.

25 > 22 **25 – 22 = 3**

Je m'entraîne sans aide

3 • Complète ce tableau.

Nombres donnés	Comparaison	Différence ou écart
28 ; 18	28 > 18	28 – 18 = 10
25 ; 14		
17 ; 57		
85 ; 125		

4 • Écris tous les calculs possibles avec les nombres **7**, **10** et **17**.

..... **+** ..... **=** .... **–** ..... **=** .....

..... **+** ..... **=** .... **–** ..... **=** .....

5 • En progressant sur la droite numérique de 87 à 114, par quelles étapes intéressantes passes-tu pour calculer l'écart entre les deux nombres ?

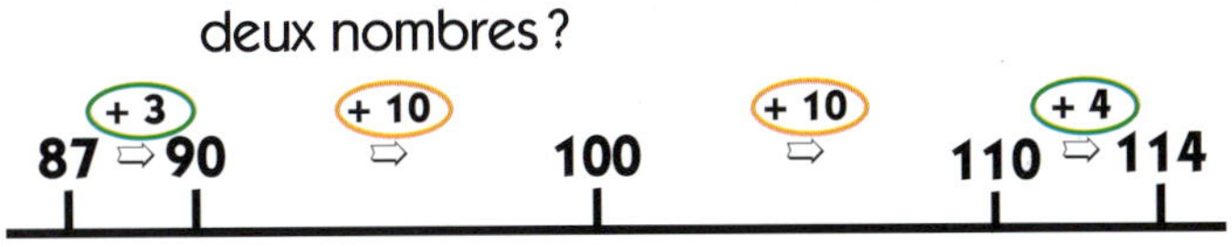

donc de 87 à 114, l'écart est de : 7 + 20 = 27

Écris ainsi le parcours de 43 à 148.

....

....

....

6 • Complète avec le signe + ou –.

40 .... 10 = 50	**9 .... 9 = 18**
24 .... 20 = 4	**17 = 7 .... 10**
100 = 100 0	**46 = 50 .... 4**
60 = 80 20	**50 .... 10 = 40**

Approche de la soustraction

Je vais plus loin

7 • Le jeu du palet :
Léa et Jean jouent au palet. Le jeu consiste à approcher le plus possible de 100.
Le nombre de points correspond à l'**écart** entre la position du palet et 100.

Léa a lancé une première fois en 87 : elle a donc eu .... points ; puis en 92, elle a eu .... points, soit un total de .... points.
Jean, lui, a lancé d'abord en 95, il a eu .... points ; puis il a lancé en 78, ce qui lui donne .... points, soit un total de .... points.
Qui a gagné, sachant que ce sont les plus petits écarts qui gagnent ? ....

8 • Complète avec les signes +, – ou =.

13 .... **6** **7**
20 .... **3** **23**
4 .... **12** **16**
18 .... **15** **3**

8 .... **3** **5**
14 .... **9** **23**
25 .... **20** **5**
10 .... **10** **0**

9 • Complète le tableau
(r = retranche et a = ajoute).

r 7 (du haut vers le bas) ; a... (du bas vers le haut)

8	**15**			**16**	
		18	**90**		**0**

Pas de problème !

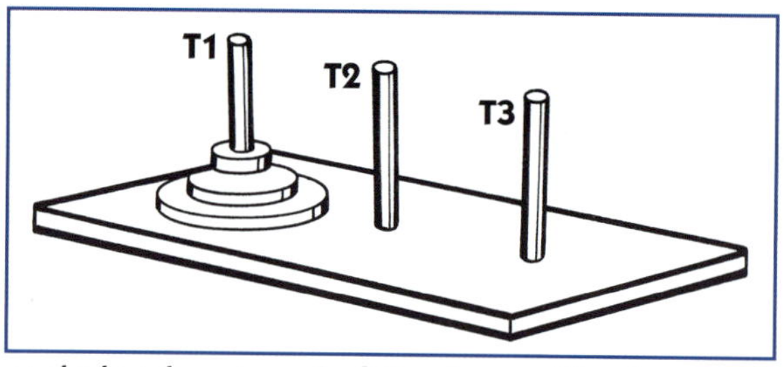

« Les tours de Hanoi »
Je dispose de 3 tiges : T1, T2 et T3. Sur T1 sont empilées 3 rondelles, de tailles différentes, disposées de la plus grande à la plus petite. On veut déplacer les 3 rondelles de cette tige T1 sur l'une des deux autres, pour avoir les trois rondelles rangées de la plus grande à la plus petite (comme sur T1) et en respectant les règles suivantes :
Règle 1 : On déplace une seule rondelle à la fois, toujours d'une tige à l'autre.
Règle 2 : Une rondelle ne peut être posée que seule ou sur une autre rondelle plus grosse qu'elle. (On ne peut jamais avoir une grosse rondelle sur une petite, ni une rondelle sur la table, ni deux rondelles dans les mains.) Dessine toutes les étapes de ta façon de faire sur ton cahier de brouillon.

Ce que je dois retenir…

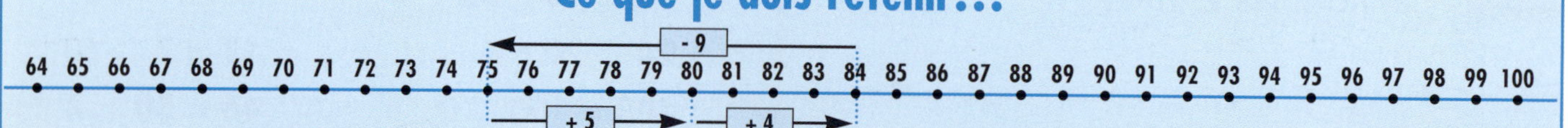

75 < 84 : de 75 à 84, il y a un écart ou différence de 9. 84 > 75 75 + 9 = 84 84 – 75 = 9 84 – 9 = 75

Retrancher un nombre

Ce que je vais apprendre...

- Reconnaître la place de chaque nombre dans une soustraction.
- Utiliser un tableau de nombres en situations soustractives.

La fleuriste a reçu sa livraison de fleurs ce matin mercredi. Dans la colonne « Mercredi matin », elle a noté le nombre de fleurs reçues. Dans la colonne « Mercredi soir », elle a noté le nombre de fleurs qui lui restent.

- Calcule combien elle a vendu de chaque sorte de fleurs. Complète le tableau.
- Ensuite, tu calculeras le nombre total de fleurs en magasin : mercredi matin, mercredi soir, et vendues dans la journée du mercredi.

Ce que je sais déjà faire

r 5 — r… — r 2 — a… — a… — a…

19	25	43	8	17	92	76

r 4 — …

12	8	25	16	47	59

r 3 — …

13		11	50		
	15			34	88

POUR PROGRESSER

MON DÉFI

Retrancher un nombre

Je m'entraîne avec aide

1 • Complète les tableaux.
Pour « retrancher » : **r** ;
et pour « ajouter » : **a**.

(r 3 / …)

8	5
9	
3	
6	
5	

(… / a 4)

15	
28	
9	
10	
5	1

(… / …)

9	
28	
13	
10	
11	

2 • Nicole avait 85 F dans sa tirelire.

Elle dépense 10 F, puis 4 F, puis 11 F et enfin 7 F.
Combien a-t-elle maintenant ?

85 $\xrightarrow{-10}$ .... $\xrightarrow{-}$ .... $\xrightarrow{-}$ .... $\longrightarrow$ ....

POUR M'AIDER

Sur la droite numérique, on avance vers des nombres plus grands avec : « **ajouter** » ou **a** ou **+** ; à l'inverse, on recule vers des nombres plus petits avec : « **retrancher** » ou **r** ou **–**.

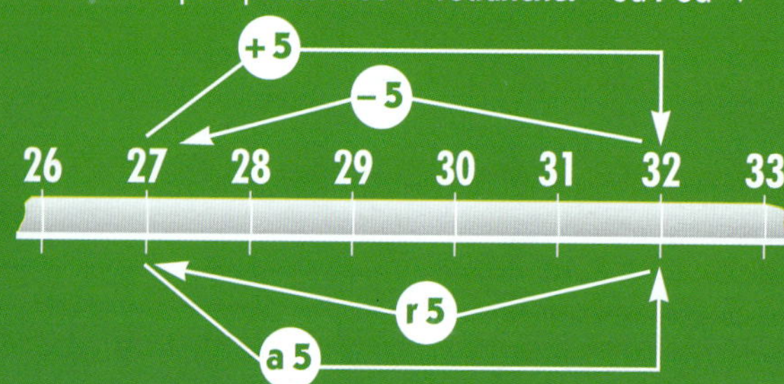

Je m'entraîne sans aide

3 • La météo

Lundi 24 mars :
températures maximales.

Demain, mardi 25 mars, toutes les températures maximales seront en baisse de 3 °C. Complète la carte.

Ces températures de mardi 25 mars sont supérieures de 5 °C aux normales saisonnières. Établis la carte des normales saisonnières.

Retrancher un nombre

Je vais plus loin

4 • Jacques a 12 ans. Son frère Éric a 7 ans. Quel sera l'âge d'Éric quand Jacques aura 15 ans ? 20 ans ? 35 ans ? 52 ans ? 70 ans ?
Réponds grâce au tableau que tu compléteras.

Jacques	12						
Éric							

(…)

5 • Martine, Josiane José et Philippe sont en voyage scolaire.
Martine a 24 F dans son porte-monnaie, Josiane 42 F, José 35 F, Philippe 22 F.
Chacun achète une boisson à 8 F, puis un souvenir à 12 F.
Calcule, à l'aide d'un tableau, combien chacun ramènera d'argent chez lui.

Martine	Josiane	José	Philippe
24	**42**	**35**	**22**
16			
4			

(…)
(…)

6 • Les prix de tous les jouets ci-dessous ont baissé de 12 F.
Calcule, dans le tableau, les nouveaux prix, puis écris-les dans les étiquettes.

ballon	poupée	voiture	livre	raquette
87	**72**	**98**	**45**	**68**

(…)

Pas de problème !

Dans ma tirelire, j'ai 32 pièces de monnaie.
Il n'y a que des pièces de 2 F et de 5 F.
Avec ces 32 pièces, j'ai 97 F.
Combien ai-je de pièces de 2 F et combien de pièces de 5 F ?

Ce que je dois retenir…

Retrancher est l'inverse d'additionner.
La soustraction est l'opération inverse de l'addition.

$$45 + 7 = 52$$

ou

45 —(a7)→ 52

$$52 - 7 = 45$$

ou

52 —(r7)→ 45

Ce que je vais apprendre...

- Poser et résoudre une soustraction avec ou sans retenue.

Techniques opératoires de la soustraction

Éric et Ali grimpent vers le sommet pour visiter le château. Ils sont sur la 85e marche. Ils ont lu dans le dépliant de l'Office du Tourisme que l'escalier comporte 232 marches.

- **Combien ont-ils encore de marches à gravir ?** ☐
- **Le dépliant annonce une fontaine au niveau 167. Éric dit : « Nous avons autant de marches à monter que ce que nous avons déjà fait pour pouvoir boire. » Es-tu de cet avis ?** ☐
  Justifie ta réponse en calculant combien ils ont de marches à gravir avant d'atteindre la fontaine.
- **Combien reste-t-il de marches entre la fontaine et le sommet ?** ☐

Ce que je sais déjà faire

■ Complète.

3 2	4 6	2 1	4 7	2 8	8 3
+	− 3 2	+	+	+	− 2 8
4 6	....	8 4	6 5	8 3	....

POUR PROGRESSER

☐ ☐ ☐

MON DÉFI

☐

Techniques opératoires de la soustraction

Je m'entraîne avec aide

1 • Effectue.

5 8		8 9		3 7		6 2
+	et	− 5 8		+	et	− 3 7
8 9		....		6 2		....

4 3 2		8 5 9		1 7 8		5 9 2
+	et	− 4 3 2		+	et	− 1 7 8
8 5 9		....		5 9 2		....

2 • Calcule.

5 4	9 6	4 5
− 2 2	− 7 5	− 1 9
....	....	....

POUR M'AIDER

21 + 13 = 34 ou 34 − 21 = 13

2 1	3 4
+ 1 3	− 2 1
3 4	1 3

15 + 27 = 42, ou 42 − 15 = 27

① 1 5	4 2
+ 2 7	− 1 5 ①
4 2	2 7

je dis : pour aller de 5 à 2, je ne peux pas.
Donc, de 5 à 12 : 7 et je retiens ①.
1 et ① = 2, et 2 pour aller à 4 = 2

Je m'entraîne sans aide

3 • Calcule.

5 8	7 6	9 5
− 3 1	− 3 9	− 7 6
....	....	....

4 • Quand nous sommes partis faire les courses, le compteur de la voiture indiquait 086. Maintenant, il indique 124. Combien de kilomètres avons-nous parcourus ?

....

5 • Calcule.

Aujourd'hui, la maman de Max a 37 ans. Quelle est sa date de naissance ?

....

6 • Effectue.

4 9	3 5 8	8 1	8 5 2	9 0
− 1 7	− 1 4 8	− 6 8	− 6 1 7	− 5 1
....	....	....	....	....

Techniques opératoires de la soustraction

Je vais plus loin

7 • Mon livre a 346 pages.
J'ai déjà lu 187 pages.

Combien m'en reste-t-il à lire ?

8 • Pose les opérations sur ton cahier de brouillon et écris les résultats ci-dessous.

447 – 225 =

608 – 591 =

804 – 72 =

800 – 87 =

459 – 428 =

712 – 85 =

9 • D'après la carte routière, Marie sait que la distance entre Paris et Lyon est de 462 km.

Quelle distance lui reste-t-il jusqu'à Lyon ?

10 • Effectue les soustractions. Barre celles qui sont impossibles à effectuer.

```
  4 3 7      5 0 8      9 4 2
– 1 8 4    – 6 3 9    – 3 7 5
 .... .... ....   .... .... ....   .... .... ....

  8 3 7      1 9 7      2 4 7
– 1 7      –   7 8    – 7 2 4
 .... .... ....   .... .... ....   .... .... ....
```

Pas de problème !

Pour le mariage de ma cousine Julie, ma tante m'a chargé de préparer 25 coupelles de dragées que je disposerai sur la table de fête. J'ai pour cela 775 dragées.
Je décide de mettre d'abord 10 dragées dans chaque coupelle et je note :
10 x 25 = 250 et 775 – 250 = 525
Je continue avec 10 dragées de plus par coupelle et je note alors :
10 x 25 = ... et 525 – .... = ...
Peux-tu finir la distribution ? ....
Combien aurai-je de dragées dans chaque coupelle ?
....
En reste-t-il dans la boîte ? ....

Ce que je dois retenir…

```
  3 2 6
– 1 4 8
  ① ①
  -----
  1 7 8
```

De 8 à 6, je ne peux pas ;
donc de 8 à 16 → 8 et je retiens ①

4 + 1 = 5 ; de 5 à 2, je ne peux pas ;
donc de 5 à 12 → 7 et je retiens ①

1 + 1 = 2 ; de 2 à 3 → 1

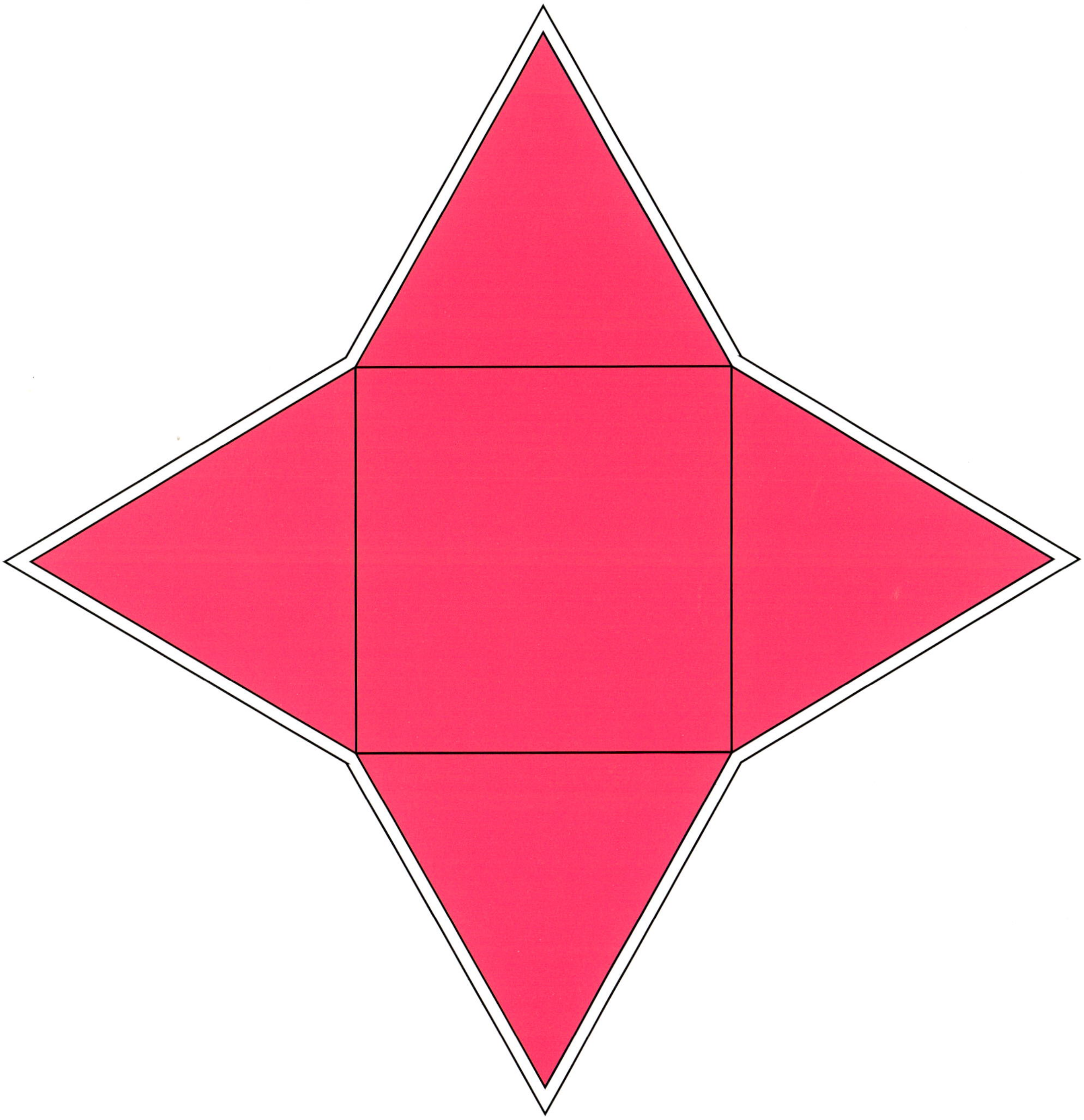

Ce que je vais apprendre...

- Repérer l'axe de symétrie d'une figure par pliage ou calque-pliage.
- Compléter une figure symétrique par rapport à un axe.

La symétrie

◆ Repère des éléments symétriques dans ce dessin.
Relève-les sur un papier-calque et vérifie par pliage. Cite ces éléments symétriques :

◆ Trace les axes de symétrie très finement en t'aidant du calque.

◆ Dessine une cheminée symétrique à celle de l'illustration et complète, par symétrie, l'arbre à fleurs.

Ce que je sais déjà faire

■ Colorie les figures symétriques.

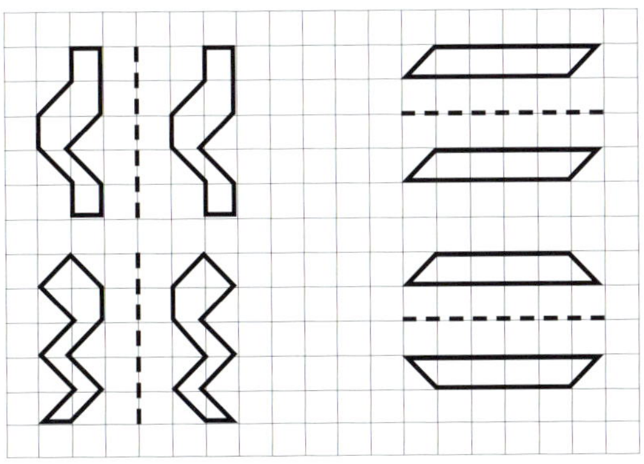

■ Trace les axes de symétrie.

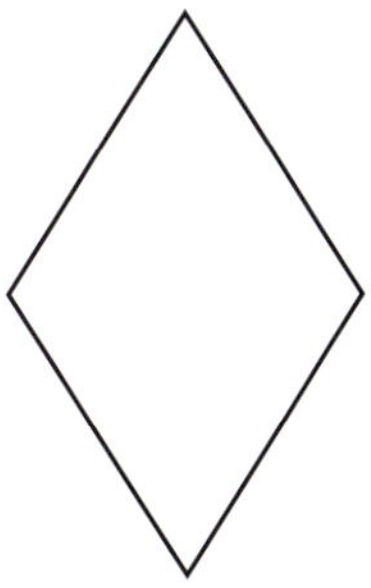

POUR PROGRESSER

MON DÉFI

La symétrie

Je m'entraîne avec aide

1 • Trace légèrement au crayon l'axe de symétrie et colorie pour avoir un bouquet bien symétrique.

2 • Complète le dessin par symétrie en comptant les carreaux.

POUR M'AIDER

Relève sur papier-calque, plie en deux pour faire se recouvrir les côtés. Le trait de pliage est l'axe de symétrie.

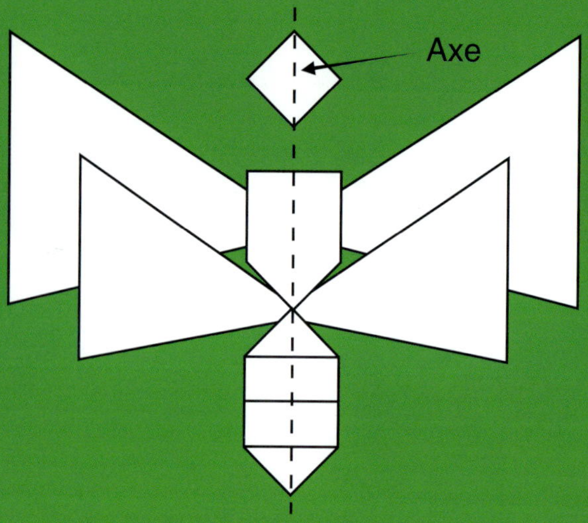

Je m'entraîne sans aide

3 • Trace les axes de symétrie s'il y en a. Ne colorie que les figures symétriques. Vérifie avec un papier-calque et pliage.

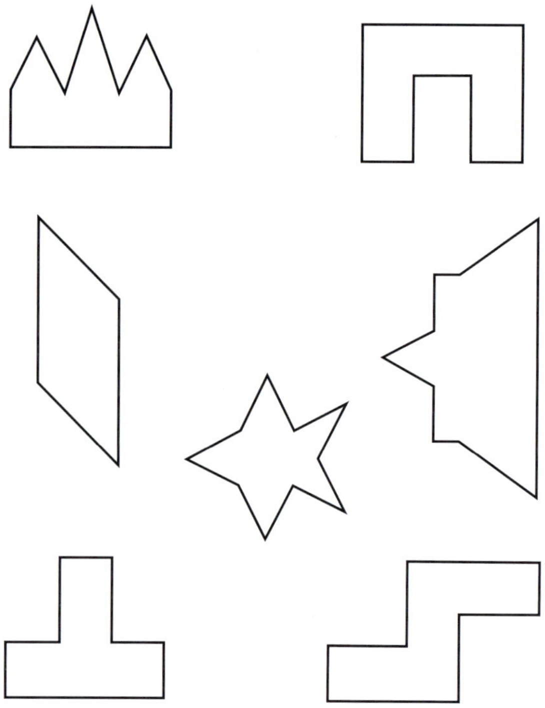

4 • Trace les figures symétriques.

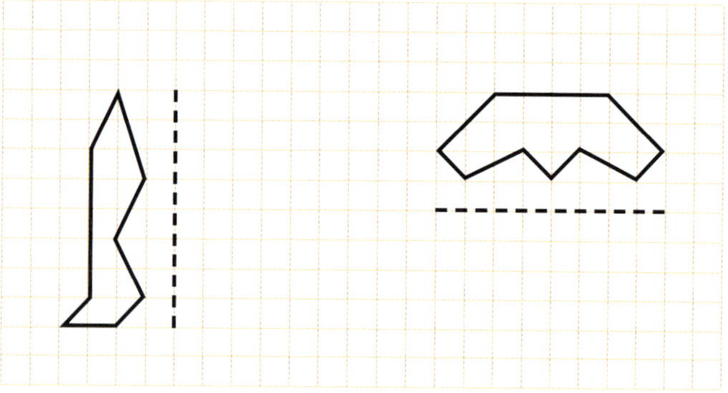

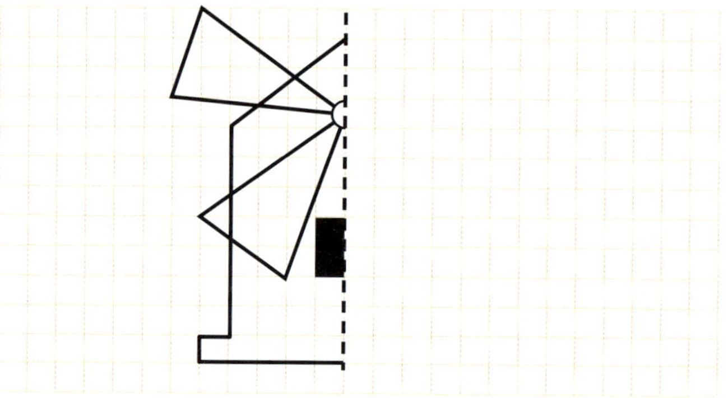

La symétrie

Je vais plus loin

5 • Colorie les figures symétriques.

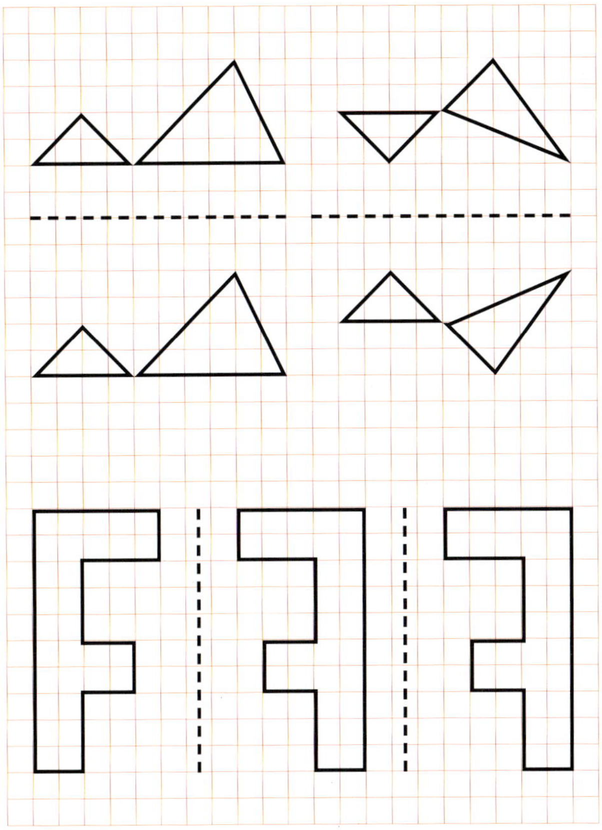

6 • Recherche les lettres symétriques et trace les axes de symétrie.

H K M N

O U R

7 • Complète ce dessin pour qu'il soit symétrique. Aide-toi de ta règle graduée.

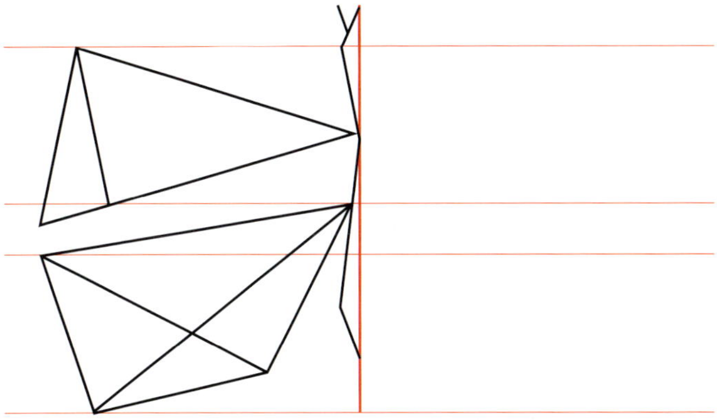

Pas de problème !

Combien as-tu de jours de vacances d'été ?

....

Quel outil utilises-tu pour répondre à cette question ?

....

Combien as-tu de semaines entières de vacances ?

....

Quels numéros portent-elles dans l'année ?

De .... à ....

Tu reprendras le chemin de l'école le :

....

pour entrer au : ....

Bonnes vacances !

Ce que je dois retenir…

La ligne droite sur laquelle on peut replier exactement deux moitiés d'un dessin, ou deux dessins identiques mais retournés, est un axe de symétrie.

Évaluation 5

1 • Choisis un gabarit qui te permettra de paver ce rectangle, calque-le. Colorie ton pavage avec trois couleurs.

2 • Calcule ce produit au moyen d'un arbre.

12 x 5 = (.......... x ....) + (.......... x ....)

= .... + ...

= ....

• Effectue ces multiplications.

	3	2
x		4
	....	

c	d	u

boîte à retenues

	1	2	4
x			3
	....		

c	d	u

boîte à retenues

3 • Calcule le produit 24 x 12.

a) en complétant le tableau.

x	24
2	....
10	....

b) en complétant l'arbre.

24 x 12 = (.......... x ....) + (2 x ....)

= .... + ...

= ....

c) en posant l'opération.

4 • Relie chaque montre à l'heure qui lui correspond.

10 : 00 | 7 : 45 | 14 : 15 | 15 : 30

• Dessine les aiguilles.

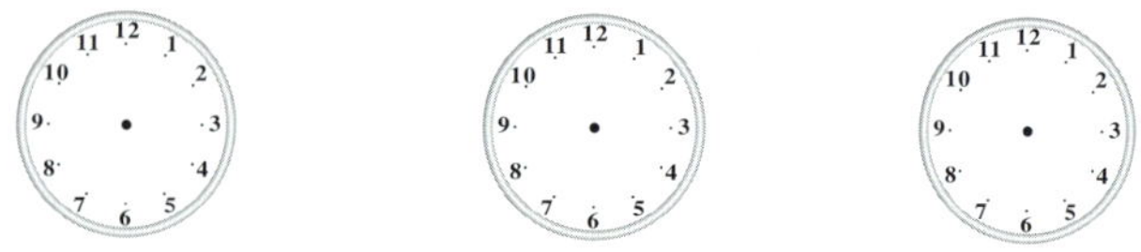

6 : 15 | 17 : 45 | neuf heures et demie

5 • Alain avait 255 F dans sa tirelire.
Son grand-père lui a donné de l'argent.
Maintenant, il a 380 F dans sa tirelire.
Utilise la droite numérique pour calculer combien lui a donné son grand-père.

• Écris sur cette situation des additions et des soustractions.

.... + ... = ...

.... + ... = ...

.... − .... = ...

.... − .... = ...

7 • Pose et effectue les opérations.

645 − 222 = ... **580 − 358 =** ....

576 − 543 = ... **714 − 569 =** ....

6 • Complète le tableau.

42	50	35
100		
	648	
	397	
	205	
		326

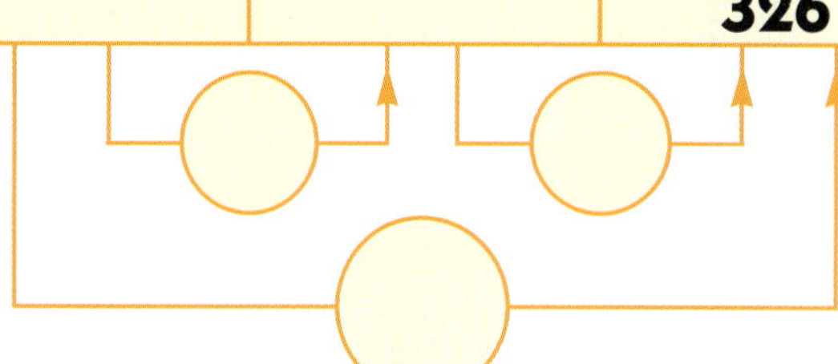

8 • Complète ce dessin pour qu'il soit symétrique.

+ Contrat + Contrat + Contr

1 LES NOMBRES CROISÉS

➡ Les nombres suivants ont leur place dans la grille ci-dessous. Replace-les.

2 • 3 • 4 • 5 • 10 • 100 • 200 • 300 • 400

➡ Compte les multiplications et les additions pour aboutir à 1000.

...	x	2	x	5	x	...	=	100
x		x		x		x		+
5	x	5	x	2	x	4	=	...
x		x		x		x		+
5	x	...	x	...	x	5	=	300
x		x		x		x		+
2	x	5	x	...	x	4	=	...
=		=		=		=		=
...	+	200	+	...	+	400	=	1000

2 LES NOMBRES EN KIT

Avec les étiquettes ci-dessous, écris, en lettres, autant de nombres que possible. Attention à l'orthographe.

quatre · vingt · vingts · cent · cents · seize · onze · cinq

deux · quinze · dix · sept · cinquante · trente · soixante · neuf

3 LES DOMINOS FICTIFS

Voici une partie de dominos. Complète les cases.

huit	4+2		3+.	5+.		6+3	5+5		7+.	2+.		5+10	3+4		2+.	7

6+.	10+4		7+.	11+7		9+.	12+7		14+.	6+6

4 LE JEU DE FLÉCHETTES

Max et Nicole jouent aux fléchettes sur des cibles différentes. Max voudrait obtenir le même score que sa copine.

➡ Coche les cases qui correspondent à son souhait. Deux fléchettes peuvent atteindre le même objectif.

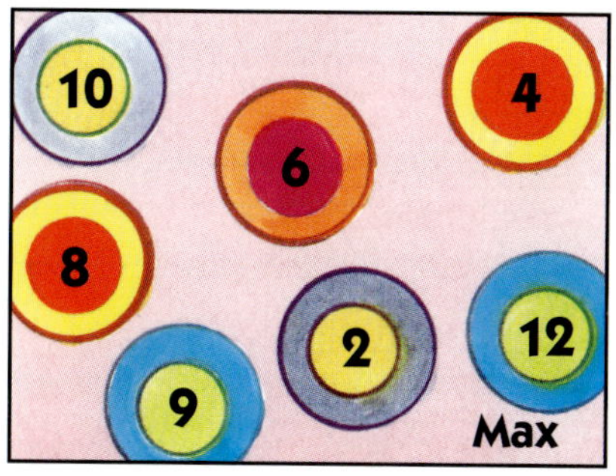

- 10 et 8 ☐
- 10 et 10 ☐
- 10 et 6 ☐
- 10 et 4 ☐
- 8 et 8 ☐
- 9 et 6 ☐
- 12 et 2 ☐
- 12 et 4 ☐
- 4 et 12 ☐
- 6 et 2 ☐

5 LE CODE SECRET

Chaque lettre correspond à un nombre.

A	B	C	D	E	F	G	H	I	J	K	L	M
9	22	36	8	17	40	18	7	21	19	26	5	3
N	**O**	**P**	**Q**	**R**	**S**	**T**	**U**	**V**	**W**	**X**	**Y**	**Z**
13	11	16	27	20	12	14	28	31	4	32	45	24

➡ Calcule les sommes proposées.

6 + 6 = ...　　10 + 5 + 2 = ...　　8 + 6 = ...　　9 + 15 + 8 = ...

3 + 3 + 3 = ...　　4 + 16 = ...　　7 + 12 + 13 = ...

➡ Range ces nombres : ...... < ...... < ...... < ...... < ...... < ...... < ......

➡ Nom d'un personnage de BD : ....

6 LES FLÈCHES

Additionne les nombres en suivant les flèches.

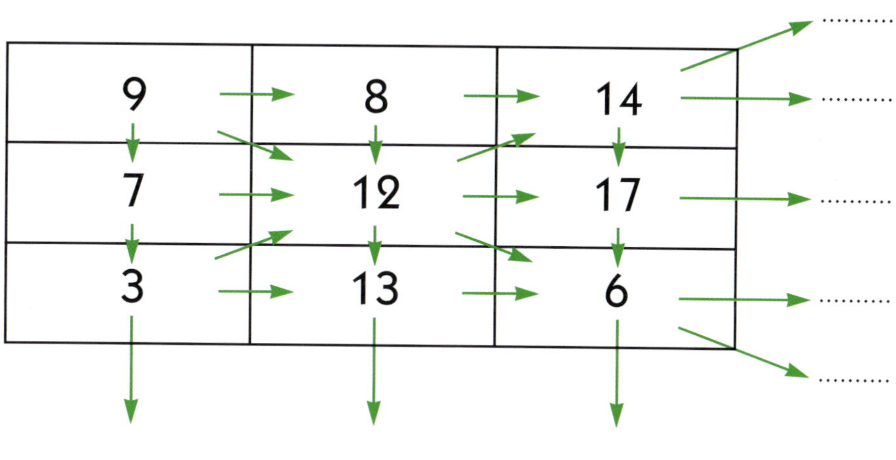

7 LE MATCH DE RUGBY

Au cours d'un match, l'équipe du TSD a marqué 24 points. Tu sais qu'au rugby, un essai rapporte 5 points, la transformation de l'essai rapporte 2 points supplémentaires, une pénalité ou un drop, 3 points.

➡ Coche les situations additives possibles pour ce match.

☐ 5 + 2 + 5 + 2 + 5 + 2 + 3 = 24

☐ 4 + 5 + 6 + 2 + 3 + 4 = 24

☐ 3 + 3 + 5 + 2 + 3 + 5 + 3 = 24

☐ 2 + 2 + 2 + 5 + 3 + 5 + 3 + 2 = 24

☐ 3 + 3 + 3 + 3 + 3 + 3 + 3 + 3 = 24

☐ 1 + 2 + 3 + 4 + 5 + 6 + 3 = 24

8 L'ARBORETUM

Les forestiers de l'arboretum de Marcillac tiennent à jour l'inventaire des arbres du domaine. Pour ce mois de février, on sait ainsi qu'il y a au début du mois : 850 pins Douglas, 728 épicéas, 653 châtaigners, 911 chênes, 672 thuyas, 278 cèdres, 544 bouleaux, 963 charmes, 452 mélèzes et 154 noyers. Comme tous les ans à la même époque, on doit couper quelques arbres abîmés : 82 pins, 12 cèdres, 24 châtaigners, 57 épicéas, 18 bouleaux, 182 chênes. Par contre, on replante un certain nombre d'espèces : 36 châtaigners, 215 chênes, 75 cèdres, 280 bouleaux, 118 thuyas, 34 charmes et 258 hêtres.

➡ Reconnais ci-dessous les opérations justes et indique dans les cases **VRAI** ou **FAUX** à la suite de chaque opération si l'opération est juste.

911 – 182 + 215 = 944	☐	728 – 57 = 671	☐
672 – 244 + 118 = 646	☐	278 + 75 – 12 = 441	☐
963 – 57 + 34 = 963	☐	850 – 82 + 15 = 783	☐
653 + 36 – 24 = 665	☐	544 + 280 – 18 = 806	☐

➡ Souligne les opérations qui se rapportent à la situation décrite dans ce problème et souligne dans le texte le nom de l'arbre dont on parle.

➡ Vérifie que ces opérations sont justes. Si le résultat est faux, corrige-le.

9 RELIE

Relie dans l'ordre croissant les points entre 200 et 900.

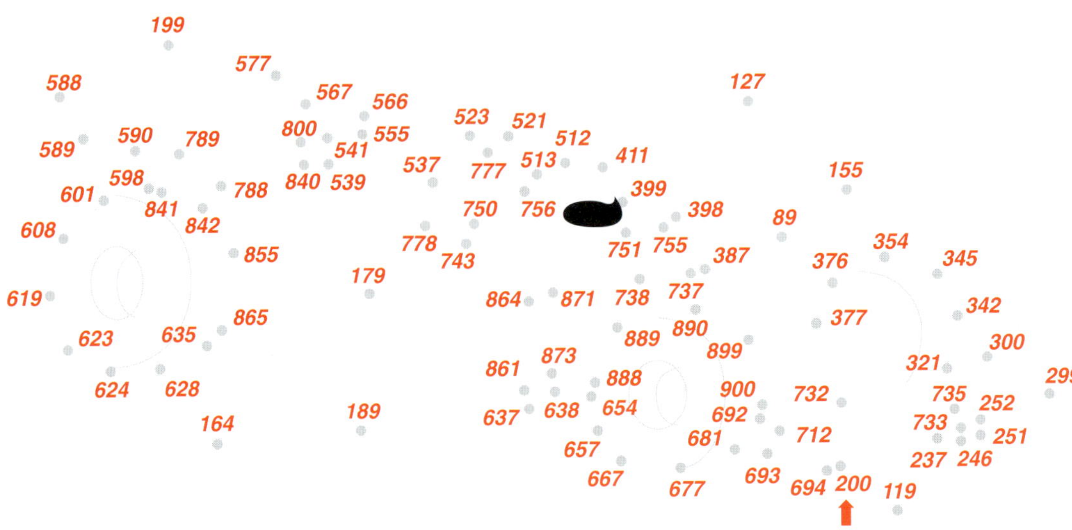

10 LE PLUS RICHE

Ce jour, le 1er janvier 1999, le cours des monnaies indique (en francs français) : 1 dollar US ($) 6 F ; 1 livre anglaise (£) 10 F ; 1 franc suisse (FS) 4 F ; 1 euro (E) 7 F.

Catia dit : « J'ai 8 euros. »
Paul dit : « J'ai 9 dollars. »
Jean dit : « J'ai 12 francs suisses et je suis plus riche que vous ! »

➨ Classe ces enfants du plus riche au moins riche.

11 LE CHAT EN PELUCHE

Au 1er janvier 1999, quel est le prix de ce chat en francs ? Complète l'étiquette, puis dessine les drapeaux correspondant aux monnaies. (Aide-toi d'un dictionnaire.)

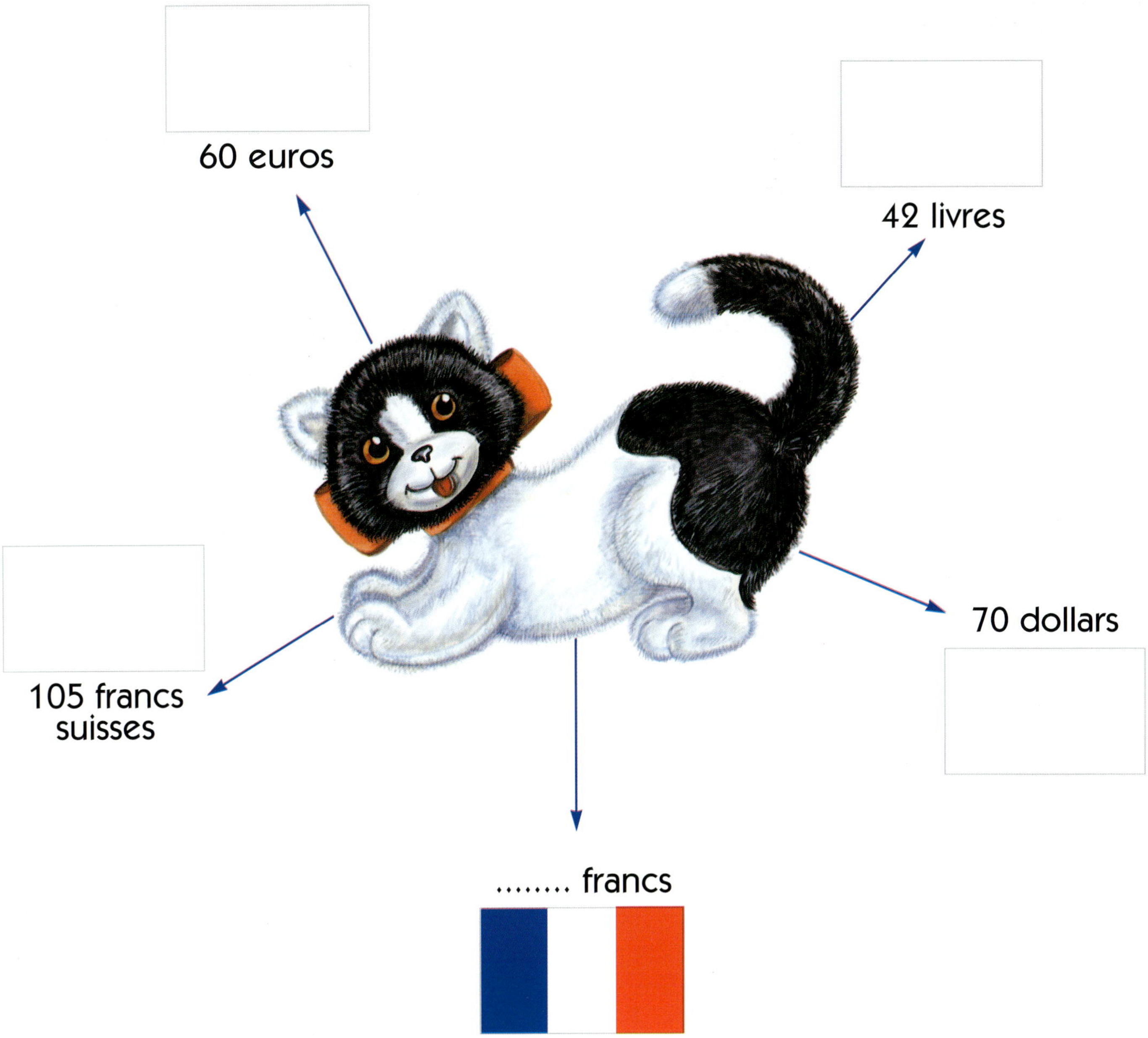

12 IL ÉTAIT UN PETIT NAVIRE

➨ À l'aide de la règle ou du compas, compare les longueurs des pailles puis range les pailles de la plus courte à la plus longue.

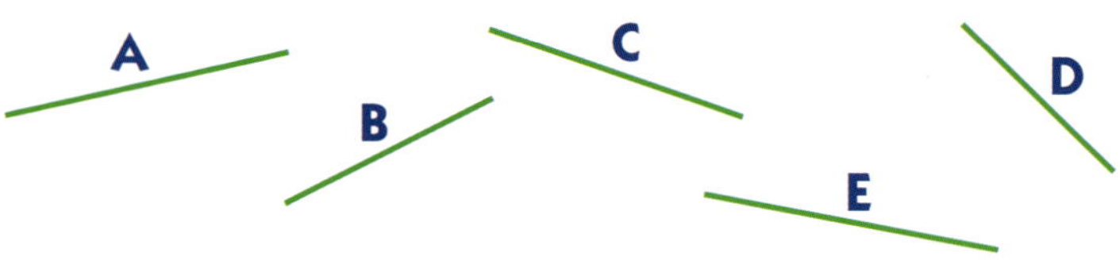

➨ Qui sera mangé ?

IL ÉTAIT UN PETIT NAVIRE

1. Il était un petit navire,
Il était un petit navire
Qui n'avait ja- ja- jamais navigué,
Qui n'avait ja- ja- jamais navigué, ohé, ohé !
2. Il entreprit un long voyage
Sur la mer Mé- Mé- Méditerranée
3. Au bout de cinq à six semaines
Les vivres vin- vin- vinrent à manquer
4. On tira z'à la courte-paille
Pour savoir qui qui qui serait mangé
5. Le sort tomba sur le plus jeune
Bien qu'il ne fût fût fût pas très épais
6. On cherche alors à quelle sauce
Le pauvre enfant -fant -fant serait mangé
7. L'un voulait qu'on le mît à frire
L'autre voulait -lait -lait le fricasser
8. Pendant qu'ainsi on délibère
Il monta sur sur sur le grand hunier
9. Il fit au ciel une prière
Interrogeant -geant -geant l'immensité
10. O Sainte Vierge, ô ma patronne,
Empêchez-les les les de me manger
11. Au même instant un grand miracle
Pour l'enfant fut fut fut réalisé
12. Des p'tits poissons dans le navire
Sautèrent bien- bien- bientôt par milliers
13. On les prit, on les mit à frire
Et le p'tit mou- mou- mousse fut sauvé
14. Il était un petit navire
Qui n'avait ja- ja- jamais navigué ! ohé, ohé, ohé !

13 REPRODUIS

Avec ta règle et ton équerre, reproduis ce dessin.

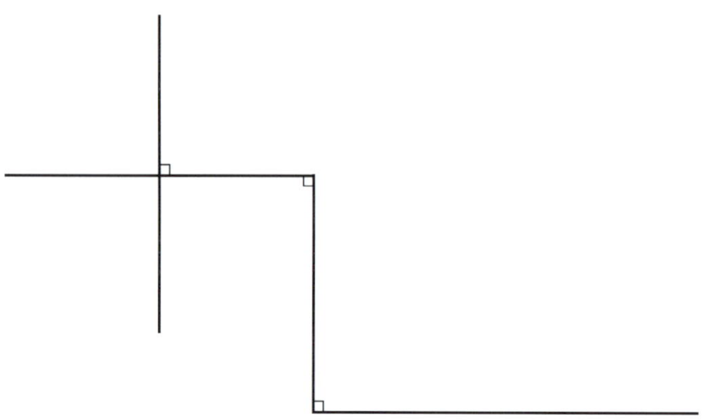

14 REPRODUIS

Reproduis les dessins sur le quadrillage de droite.

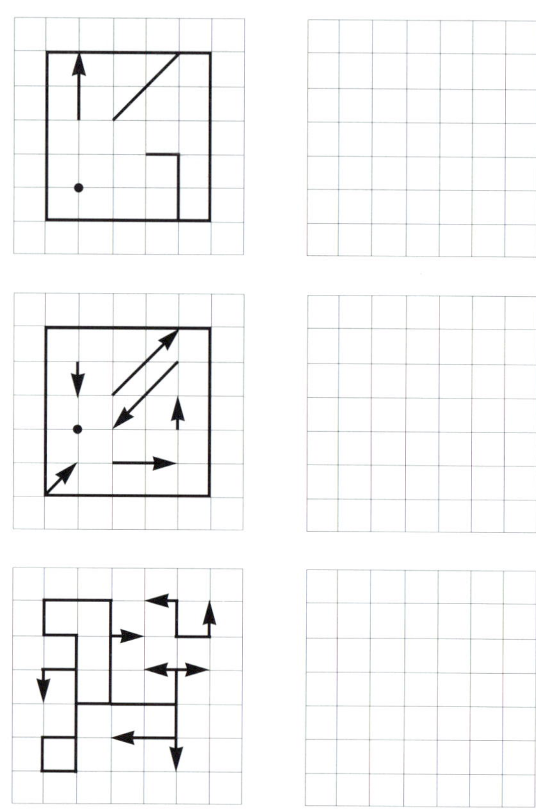

15 REPRODUIS

Reproduis les trois prénoms par rapport à leur axe de symétrie.

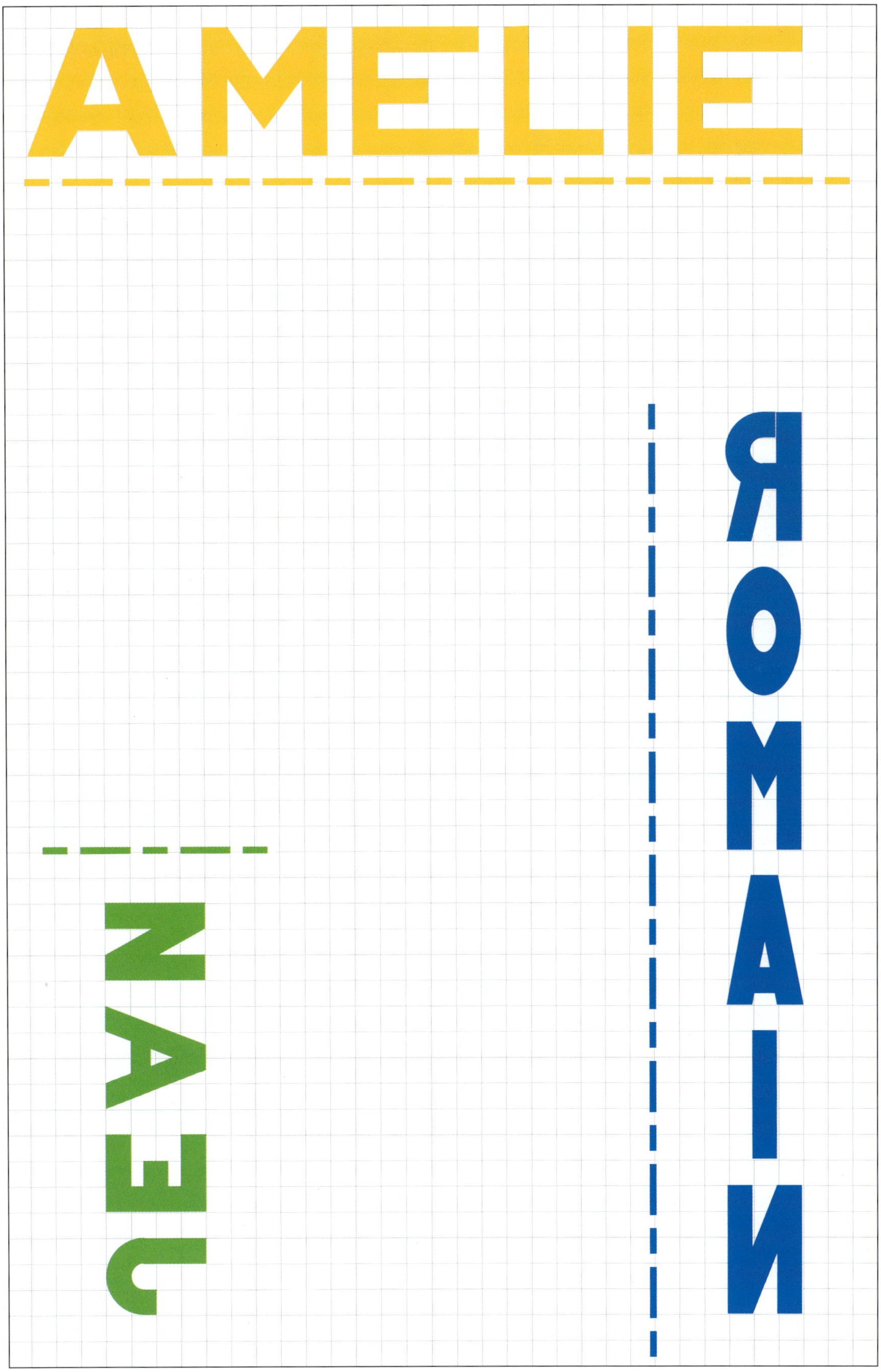

16 LE CAKE

Pour 6 personnes.

Ingrédients

Beurre : 100 g
Sel : une pincée
Sucre : 145 g
Oeufs : 3
Farine : 200 g
Levure alsacienne : 1 paquet
Raisins de Corinthe : 120 g
Fruits confits : 80 g
Rhum (variable)

Durée

Macération fruits : 3 h
Préparation : 30 min
Cuisson : 1/2 h
Thermostat : 4-5 ou 190 °C

Matériel

Bol – Terrine – Spatule ou fouet
Moule à cake de 25 x 10 ou moule à baba
Papier sulfurisé – Pinceau – Grille

- Laver les raisins, les égoutter. Couper les fruits confits en dés et mettre le tout à macérer avec le rhum trois heures à l'avance.
- Travailler le beurre, la pincée de sel et le sucre pour obtenir un mélange onctueux et blanchi.
- Chauffer le four.
- Ajouter un œuf au mélange, bien travailler, recommencer pour chaque œuf.
- Ajouter la farine, le zeste de citron, les fruits et le rhum, la levure. Mélanger.
- Beurrer le moule, le garnir de papier sulfurisé dentelé. Y mettre la pâte en tenant compte qu'elle double de volume.
- Faire cuire à four modéré (thermostat 4-5 ou 190 °C), 3/4 d'heure pour un gros gâteau, 15 minutes environ pour des cakes individuels.

➡ Complète le tableau.

Ingrédients	quantité pour 1 cake	quantité pour 5 cakes	quantité pour 10 cakes
beurre			
œufs			
fruits confits			
levure			
farine			

➡ Classe ces ingrédients en commençant par celui dont la masse est la plus légère dans cette recette : raisins de Corinthe, sucre, fruits confits, farine, beurre.

....

....

....

17 LE CAKE

➡ Après avoir relu la recette, complète les balances.

➡ **Relie à l'aide des flèches qui signifient « je peux faire ».**

Avec 200 g de beurre ☐	☐ 1 gâteau
Avec 200 g de farine ☐	☐ 2 gâteaux
Avec 4 paquets de levure ☐	☐ 3 gâteaux
Avec 400 g de fruits confits ☐	☐ 4 gâteaux
Avec 9 œufs ☐	☐ 5 gâteaux

➡ Mme Carré a acheté tous les ingrédients pour une somme de 16 F. Elle a vu le même gâteau à la pâtisserie pour la somme de 34 F.

Combien a-t-elle économisé ? ....

➡ Avant de commencer son gâteau, elle avait 300 g de raisins de Corinthe.

Combien lui en reste-t-il après avoir fait le gâteau ? ....

➡ Marie a mis les fruits à macérer à 16 h 30.

Jusqu'à quelle heure doit-elle les laisser macérer ? ....

Quelle est la durée totale de préparation et de cuisson ? ....

➡ Marie a sorti le gâteau du four à 17 h 30.

À quelle heure l'avait-elle mis à cuire ? ....

Sommaire

ISBN 2-84117-136-1

Société d'Édition et de Diffusion pour la Recherche et l'Action Pédagogique
9, rue des Frères-Boudé
BP 1365 – 31106 TOULOUSE Cedex